一本可以解答你99%疑惑的溝通大全

動物溝通

和動物溝通是人類與生俱來的能力
透過 101 種練習法 從淨化思緒到接收訊息
教你喚醒沉睡於潛意識的本能
學會如何與動物溝通

作者——黃孟寅、彭渤程

作者序

我們都是諮商心理師，過去在縣政府的心理諮商中心、大學、教育部特教中心、法務部監獄、家暴防治中心、診所醫療體系等單位服務。恰巧服務的領域較廣，從心理諮商到心理師督導、教師的過程，有機會接觸到一些棘手案例，冥冥中便朝向探索人類內心更深層的潛意識前去。起初，只是為了領會更多促進心靈轉化的方法，隨著各種深層潛意識的探索與廣泛的文獻學習，加上作者渤程從小的家庭環境與宗教結緣甚深，漸漸地我們**透過訓練潛意識的方式**，開啟了與動物溝通的能力。

一開始帶著科學的習慣，我們對於動物溝通是半信半疑。如同全世界相關領域的研究學者一樣，在有限的條件下我們開始了相關的研究執行，透過反覆的飼主驗證與方法改進，也持續和世界各地的溝通師、相關研究學者相互交流，漸漸找到了動物溝通的方式，以及人人都可透過訓練與練習而會的方法。

在亞洲，動物溝通領域是一個正萌芽的專業，許多相關知識系統仍待整合。由於各種動物溝通的方式與派別繁多，多數又與身心靈領域或宗教領域有所重疊，加上在知識系統初萌芽的階段，整個**亞洲市場卻出現大量的需求**，供需不平衡的飛躍成長下，整個亞洲各地動物溝通領域都出現地基不大穩，但樓卻已蓋老高的問題，也使得許多消費者開始對於動物溝通有很多質疑與擔心，市場上也出現各種疑惑與消費問題。正因中國、港澳、台灣、新加坡等各地溝通師們皆有志一同想要改善這種現況，在籌畫兩、三年後，二〇一八年成立了跨國的動物溝通認證系統、專業倫理守則、安心預約平台，以及相關標準化的動物溝通培訓、講師培訓系統。

本書正是為了替動物溝通專業知識地基貢獻一磚一瓦而努力。帶著涵容各種專業與文獻的視野，本書以心理科學的角度，囊括並分享世界各地所有不同動物溝通派別與資料。本書為亞洲動物溝通**訓練系統教材**，內容偏向**知識系統建立**與**實務訓練方法**，配合各地民眾需要，有搭配推出免費線上課程。

本書可說是心理取向的動物溝通派別。我們期許動物溝通不僅需要有「可被驗證的**精確度**」，更在乎溝通師與飼主之間「會談的**助益性**與**有效性**」，並強調溝通師對於「動物照護的認識」。因為多數的飼寵問題，其實需要的可能不是動物溝通，而是理解動物生存習性，學習正確的照顧動物。所以，我們提倡尊重並聯同各領域動物行為專業人員、獸醫專業人員友善合作。此書與動物溝通卡同為「台灣動物溝通關懷協會」認證教材。本書內容定有待增進之處，歡迎各界朋友不吝指正教導。如有各類相關合作與推廣，歡迎聯繫本會！我們誠摯期盼與各界一同讓動物溝通專業更一步一步往前邁進。

黃孟寅、彭渤程

作者序

第一章／歡迎來到動物溝通的世界

第一章

歡迎來到動物溝通的世界

寫在前面

本書的主軸——「心理派」動物溝通，以訓練人類高層潛意識為主。

動物溝通領域最早被視為一個專業，大約是四十多年前從美國加州地區開始，隨時間慢慢傳至歐洲，再輾轉傳至非洲與亞洲地區。隨著地域與時間演變，包括服務方式、課程形式都漸漸因各地文化而有所不同。以下就先為大家簡單介紹關於動物溝通的各種教學方式、溝通系統以及課程價位。

教學方式

在非洲學習動物溝通，講師會安排學員用一個月以上的時間進入大草原，與動物溝通專家、動物行為專家一同在大草原上生活，透過長期處在大自然的世界裡，也學習追蹤、模仿動物的生活作息，自然地學習與動物溝通。其他國家則多以室內課程方式進行，歐美國家的培訓課程從實體慢慢演進到了 DVD 教學，後來又有線上遠距教學。

溝通系統

動物溝通的系統有很多，包含亞洲多數人熟悉的「身心靈領域」、「靈性宗教領域」、各種「靈修式或氣功式」，歐美地區的「催眠式」，還有和部分身心靈課程一樣，運用量子力學作為概念基礎的「類科學式」，以及透過「生活在大自然中」的非洲動物溝通體系、透過開啟潛意識的「心理派」動物溝通系統訓練，還有南美洲盛行的「薩滿教」也有在進行動物溝通，甚至印度地區也有動物溝通者的蹤跡。

最早將動物溝通傳進台灣的人，是已故的羅西娜（Rosina）老師，羅西娜老師強調溝通時的心念與愛，讓動物溝通開始有了更動人與貼心的溫度。台灣多數溝通師都是羅西娜老師出色的學生，其以教導「身心靈領域」動物溝通為主，強調愛的信念並融合東西方的宗教相關儀式進行溝通；鄰近的香港地區另有老師引進「類科學式」的培訓課程，並成立機構專門教學。

課程價位

過往亞洲地區的課程訓練方式，雖然隨著體系有所不同，但多仿效歐美相關課程價格與形式，分成三到四個階段培訓，完整的訓練費用較歐美行情略低，大約在四萬到六萬元；此外，台灣地區的動物溝通課程多師承於香港「身心靈領域」，所以也有許多機構推出二到三階段課程，價格則相對又再低一些，以「身心靈」體系的算法，全階段大概兩萬到四萬元左右（價格部分可能隨時有變化，且每位講師不同，僅供參考）。除了上述課程價格有所不同外，預約動物溝通服務的價格，更因進行模式、溝通師背景、知名度等因素也有相當大的差異。造成落差甚大的主因之一，是因為**動物溝通其實有很多的類型，也有很多不同的進行方式**。

本書中，除了介紹前述兩種體系的基礎概念，也介紹一些世界各地與動物溝通有關的古文明和信仰資訊，以及本書的主軸——**「心理派」動物溝通**。這種模式以訓練人類高層潛意識為主，書中將與你分享許多「心理派」的動物溝通相關發現、研究，以及多種訓練方式。另外，本書也融合了亞洲各地的傳統訓練方式（亞洲各地區的傳統溝通方式多無完整系統，但都有各自獨特的訓練方式），同時也結合美國催眠心理治療體系的潛意識訓練方式，有興趣學習者可按照多種練習方式自主訓練。

動物溝通的三種模式

不論哪一種方式都有其優點與限制，都可作為你日後預約或溝通工作上的參考。

一般來說，動物溝通有三種不同的進行模式。第一種是溝通師與飼主及動物面對面進行溝通；第二種是飼主準備動物的照片與溝通師見面溝通；第三種是直接使用電話及照片進行溝通。三種方式各有其優點，以下就來為大家介紹這三種常見的動物溝通方式。

一、與飼主、動物一起面對面進行溝通。

這是電視與網路上常見的進行模式。由動物溝通師親自到飼主家，或是飼主在約定時間直接帶動物到溝通師的診所、工作室、駐點等指定地方面對面直接溝通。由於這種模式動物需要出門或見新面孔，所以事前安排要做得更完善一些才好，譬如會談的空間要讓動物感到友善安全，且環境氣味也要留意。有的溝通師會直接前往動物熟悉的地方，因為面對面溝通就像帶動物去認識新朋友一樣，每隻動物對陌生人或新環境都會有不同的親疏反應，無論其個性如何親人，事前準備工作都需要特別留意。

面對面的好處在於，溝通師能直接感受、觀察到動物動態，以及動物對於陌生環境的反應，且能直接傳遞想相互表達的訊息。但相對的，除了對於幅員遼闊的地區不方便外，也有不少動物難以帶出門，且如果現場氣味較多，或是動物當下情緒較煩躁時，可能會影響到溝通師接收資訊的過程，也可能直接干擾到飼主本身的專心度與回憶程度，進而對於溝通師和飼主彼此會談的過程產生影響。

因此包括美國盛名的溝通師——瑪塔・威廉斯（Marta Williams），以及全球最知名的英國動物溝通師，也是動物星球頻道的《寵物溝通師 the Pet Psychic》節目主持人——桑妮雅（Sonya Fitzpatrick），多是選擇下面其他的服務方式。

二、與飼主面對面，但只帶動物照片進行溝通

第二種模式是飼主與動物溝通師約見面進行會談，但沒有攜帶動物到場。這樣的會談方式可以克服動物難以帶出門、在現場失控，或是動物罹患重病無法會面等等的可能性問題，且因為只有飼主與動物溝通師會面，所以飼主可以專注在與溝通師的互動之中，有時飼主也因為得以專注而更能精準地回憶起與動物之間的點點滴滴。不過仍會受限於地區與時間的限制，因此也不是溝通師們主要的進行模式。

三、使用電話、照片進行溝通

這一種溝通模式是最令人難以置信，但卻是百分之九十的溝通師都選擇的進行模式。英國動物溝通師桑妮雅在《寵物溝通師 the Pet Psychic》節目裡，常運用來賓攜帶的照片進行離世或臨終的溝通服務。沒錯，你沒看錯！多數的溝通師就只是透過幾張照片來跟動物進行溝通，替動物翻譯出內心的話。對一般的我們來說，這樣的溝通模式實在太不可思議也太令人懷疑了，所以後面的章節會慢慢從各領域的研究與討論中，試著整理並說明動物溝通是如何進行的。

回到這種模式的進行裡，早期多是由飼主寄送照片給動物溝通師後，再透過電話與溝通師預約時間進行溝通；隨著網路的發展與進步，動物溝通與其他領域一樣產生了很多的變化，現在多數的溝通師會直接運用社群軟體與手機進行照片的傳遞與溝通，也使得溝通不再受限於距離，更不受限於動物失蹤、臨終等各種無法見面、或時間緊迫的困擾，同時也讓許多溝通師在自己家裡，就可以服務來自世界各地的預約與邀請，成了一種新的工作方式。

不論哪一種方式都有其優點與限制，都可作為你日後預約或溝通工作上的參考。另外，除了進行的模式有區別以外，動物溝通也因文化差異而有截然不同的兩種服務方式，下一節將為你詳細介紹。

二　動物溝通的兩種服務方式

學習動物溝通也是一種學習接納的過程，學習接納每一位飼主、動物與溝通師的自由與決定。

本節要為大家介紹動物溝通的兩種服務方式，分別是「問答式服務」與「深度會談式」，每一種不同的方式都存在各自的優點，沒有哪一種方式最好，就像每一個人都有自己的優點一樣，**每位溝通師同樣都有各自的優點，也有各自適合的族群**，找到自己喜歡的模式，**學會愛與接納這世界的不同，就是一個好的溝通師**。後面的章節還會繼續為各位介紹各種動物溝通的模式與進行方式，而各位在預約時，也可以先思考個人的需求並了解某一位溝通師的方式，這樣才能選出最適宜自己的服務方式。

一、問答式動物溝通

可能是受中華傳統文化影響，東亞地區許多動物溝通師的服務方式較偏向傳統問神、塔羅牌等靈性服務的方式，採用「問答式」的溝通服務與收費。所謂「問答式的服務」就是以問題數目來計算，這種進行方式與歐美的「深度會談式」較不一樣，問答式的服務也因為是一個問題、一個問題計算，所以飼主的問題是否問得精準？困擾底下是否有其他心理或環境因素？溝通師能否對於飼主整體的家庭互動，或溝通師是否能全面了解動物狀況？乃至於，飼主是否能正確描述出想問的狀況，甚至溝通師是否能真正理解飼主的描述，都可能對於結果有些許影響。

因為一問一答，問答式服務相較於深度會談式的溝通方式會較有遺漏與缺乏的疑慮存在，在理解的深度、廣度與全面性上較為劣勢，但問答式服務則擁有速度、方便性等優勢，且與傳統求神、占卜的服務方式接近，所以在各種展覽活動、節目錄製，或是價格方面，都會比深度會談式的動物溝通來得更具優勢。

二、深度會談式動物溝通

在許多歐美影集、電影中，我們常看見主人翁與一些心理師或專業人士談內心話，對於歐美國家來說，心理諮詢是一種被廣泛接受且普及的行業，正因這種文化氛圍滋養，歐美動物溝通師的主要服務方式也偏向以深度會談的方式進行與飼主的溝通。

對於採取會談式的動物溝通師來說，他們認為：即使是要理解一個會說話的人，都需要一小段時間，何況是要了解一隻小動物更需要完整的會談。另外，對於「會談式」的動物溝通師來說，他們認為不只是動物所提供的資訊內容重要，更重要的是溝通師與飼主會談時，整個過程與會談之間的相處關係。我們也發現：真正有力量能改變一切的是飼主，而要幫助飼主創造飼寵關係的改變，需要足夠地體會並了解飼主的想法與飼主本身的難處。

所以對於會談式的動物溝通師來說，需要一個時段的完整會談過程，才可能真正了解問題而提供適當的協助。甚至，他們發現許多來預約的飼主，都是處於很緊急的狀況或帶著不安而來，在焦慮情緒下的人們，一方面無法精準地問對問題，而且更多時候**他們自己可能也不知道，他們需要的不是解決問題**，而是先照顧心情、緩緩情緒。而我們在服務中也發現，需要好好被支持的，常常未必是動物，而是當下心急如焚的飼主。所以多數歐美動物溝通師會選擇以深度會談的方式來進行動物溝通，但相對就是需要花費更多的時間了。

在價格方面，問答式動物溝通和算命、卜卦或算塔羅牌的方式相似，是華人較熟悉的方式。價格上，也如這些一樣，有的老師開價一個問題三百元、五百元，有的則是設定一個時間內一、兩千台幣問到飽，當然也有開價更高的會談，也有的是買一杯飲料就送你占卜。不過即使是設定一個時間，問答式動物溝通仍多是以問答的互動方式為主。也因為是一問一答的方式在進行溝通翻譯，所以有的溝通師會單純用純文字訊息、純語音來回應飼主的問題，而未必會以電話或直接對話的方式進行。相對的，深度會談式較多是以一個小時或一個半小時為單位，會談過程中以問答與會談方式交錯進行。

溝通也是學習接納的過程

由於動物溝通領域並沒有任何心理諮詢或輔導、溝通訓練的相關訓練要求，加上華人多有求神問事、占卜的習慣，所以多數溝通師是以直接翻譯、直接給予建議，或直接答覆飼主的方式進行服務。不過，會想來預約溝通的飼主，多是帶著想要改變動物問題、改善飼寵互動關係的期待前來。

如同上段所說，我們發現真正有力量，**能促進關係或轉變發生的是飼主**，而絕大多數狀況並不是飼主不想改變，只是不知道怎麼辦才好，更多時候其實我們每個人早就都知道要怎麼做，但會做不到一定是有原因的。要讓「改變」發生，不是一個長輩或任一個權威者來提醒我們要怎麼做就有辦法改變的，要幫助一個人前進，單純用講的、用教的或用要求的是沒辦法讓對方前進或改變的。

改變是很不容易的事，在改變之前更需要做的是**深度地理解**。所以對於我們推廣的動物溝通來說，會特別強調在溝通師與飼主之間的溝通與關係。漸漸地我們發現，愈來愈多的溝通師也有志一同的想朝向「深度會談」的溝通方式前進。只有真正地了解，才可能與飼主一同找到解決的方式。我建議有興趣學習動物溝通的朋友，當學會能夠成為「動物翻譯」後，可以多再接觸輔導、心理或溝通相關知識，這些專業裡頭有不少能幫助飼主、幫助會談的方向，也蘊藏著能協助溝通師找到改變契機與促進關係融洽的方式，也能讓「動物翻譯」真的是「溝通」，讓溝通變得更有溫度，而不再只是指導、教導、要求或提供一些難以實踐的期待。

不過還是要再次強調，學習動物溝通也是一種**學習接納**的過程，學習接納這世界各種的不同，也學習接納每一位飼主、每一隻動物、每一位溝通師的自由與決定。每一位動物溝通師的進行方式或各種系統都有其存在的意義與價值，只要是一位帶著愛的溝通師都有其美好的存在意義，能有相關補充學習很棒，即使沒有也沒關係。

希望各位讀者能夠理解，做溝通時覺得自己有真正地為動物或飼主著想與負責，那才是最重要的部分。每一位溝通師無論是自學，還是來自哪裡，或是透過宗教或科學的指引都好，從人與人之間學習接納彼此的不同，也才能真正地接納更多不同的動物與人，這世界正需要各種不同的溝通師，才能服務擁有各種不同需要的人們。

現在，你清楚了動物溝通的三種進行模式，還有兩種主要的服務方式了。底下為各位說明，一次動物溝通服務的完整過程是怎麼進行的。當然，我們的陳述也只是其中一種溝通的完整過程，各位讀者請勿當作唯一標準，僅作參考即可。

三 完整的動物溝通進行方式

動物溝通不是利用當事人給予的資訊而套出更多的資料，預約時僅需告知預約的目的。

無論透過什麼樣的方式預約動物溝通師，動物溝通師第一步驟應該都會向飼主解釋並簡單說明動物溝通的種類、進行方式、需要注意的地方、溝通價格與相關資訊等等。清楚地告知，讓預約者能理解可能要注意的或可能發生的一切，**使預約者安心**，是**建立彼此信任**且必要的關鍵之一。

預約溝通前

當預約者了解溝通的過程與大約的進行方式後，溝通師會簡單地了解預約者的內心期待。此刻的關鍵是：通常**不需要告訴溝通師過多資訊**，只需簡單說明預約需求即可。因為專業的溝通師其實不需要透過預約者所透漏的點滴來勾勒出動物的資訊。換句話說，動物溝通不是利用當事人給予的資訊而套出更多的資料，溝通師只需要一到三張的照片即可與動物溝通，其他資訊應該是溝通師與動物溝通後自然得到的。

所以，在這階段不需要告知溝通師太多資訊，甚至僅需要告知預約的目的，並提供一到三張近期照片即可。有些動物溝通師會期待正面照片，有些會需要全身照片，這部分就是每位溝通師各自的習慣，盡可能提供符合需求的照片對於溝通的過程都是有幫助的。然後，雙方約定好一個日期與時間進行會談，預約者只要安心等待會談的時間即可。

在此特別建議預約者，無論選擇線上預約還是現場的會談都很好，更重要的關鍵是要約在一個自己能安靜、專心的時間與地點進行會談。因為專心且安靜的空間，可以讓預約的你更能專心下來，更能回憶起與動物之間的點點滴滴。畢竟就算要回憶與家人，或是自己的事情都可能遺忘了，更何況是要去回憶生活在更單純世界裡的小動物的點點滴滴，所以會建議預約見面或線上談話的時候，選一個安靜的空間與時間，那會使你能更正確地回憶起過去的點滴，也會讓會談更順暢而有建設性喔！

溝通進行中

這時候就是溝通師找時間與動物溝通的階段了。而對於預約者而言，這一階段只需安心等待會談到來。動物溝通師在與動物進行溝通後，會在此階段將溝通的內容記錄下來，內容也許有家裡擺設的動線、過去相遇生活的片段、喜愛的食物、散步路線、家裡其他動物、家庭成員、過往各種點點滴滴等等。

但每一個溝通師會接受到的資訊其實並不相同，譬如不同的老師問同一個孩子最近生活狀況，孩子也可能因為不同的問法，或是關係的親疏而選擇回答出不同的生活面向，甚至隨著心情變化也可能會得到不同的答案。加上每一位溝通師擅長的問法與資訊皆有不同，所以**不同溝通師得到的資訊是有可能存在差異的**。不過，如果是針對特定的事件，多數會有一致的方向。

約定的時間到來前，好的溝通方式是先**將完整的溝通過程記錄下，直接先傳給預約者**。預約者透過溝通紀錄的稿件便可以清楚地知道，這份紀錄中寫的是否正是自己家裡的動物。畢竟即使是長相相似的同一品種，其個性、習慣、飼養狀況、經歷背景等也不可能完全相同，很多預約者一看紀錄就可以清楚知道該溝通師的訊息精確與否。此時，雙方的信任也開始因為正確的資訊而建立起來，然後，進行資訊的核對與確認階段，更幫助預約者得以確認此次溝通的品質與準確度。

每一次的溝通資訊都必然有錯誤的可能性，一般而言準確度在七至九成就是可以接受的範圍。有人說這是因為動物會說謊，也有人說是動物自己有時也忘記或記錯。雖然我們不覺得動物會說謊，但每一次的動物溝通是真的有資訊錯誤的可能，畢竟即使是與人溝通，也都常有誤解、聽錯或會錯意的情形發生。

在亞洲最嚴謹的溝通師聯合認證系統中，也是以七成準確度作為考核的基準。「台灣動物溝通關懷協會」是台灣地區唯一被授權加入的非營利組織單位，官網上有**通過考核認證**的各國溝通師，是台灣最大的預約平台，若有需要可以前往預約諮詢。

完成溝通後

溝通師和動物溝通完畢，並和飼主核對資訊後，後續與飼主的會談就會隨著溝通師的個人風格而有所不同，如何協助、陪伴預約者解決或走過困境，就是每位溝通師各自的生命經驗與歷練了。有的溝通師很和藹可親、有的溝通師很熱衷於提供各種協助，不同溝通師會有不同的樣子，但對消費者而言，最重要的是要**預約準確度足夠的溝通師**，不然錯誤的資訊可能會造成處理的方式完全不同，而使得問題變得難以收拾，這就是最不樂見的情況了。

四 判斷動物溝通師四招好方法

如果要挑選一個好的動物溝通師，挑一個能懂「溝通」的人，也是考量的重點之一。

當飼主尋求動物溝通時，有些時候是因為和動物之間發生問題，為了避免讓動物與飼主的困擾變得更加難以收拾，選擇一個好的溝通師就是很重要的關鍵。那麼應該考量哪些方面來挑選動物溝通師呢？以下提供四個挑選動物溝通師的方法，供各位讀者參考。

一、相關訓練或證書認證

證書其實並不能完全代表一個溝通師的好與壞，甚至任何證書都不能全然代表一種專業的優劣與高低。但我們也必須正視**每一張證書的背後，都是領證人付出相對的時間與心力才榮獲的。**即便這些證書只是去聽了很多概要性的演講，但相信每一場演講中或多或少也可學習到一些專業，而當一個人獲取的知識量累積到一定程度時，腦中各種知識的聯結與智慧就可能因此有所不同。

另外，因為每一張認證或參與每一堂課程都是需要心力與時間的，所以無論在任何行業裡，有時聘僱者或消費者並不是真的看在領取了幾張證書，而是認同領證人願意投入時間與精神，還有背後那份為專業付出心血的意願與心意，那都是最難能可貴的。何況其實任何人都沒有那麼多的時間成本去認識另一個人，所以在認識對方時，或多或少都還是會從對方的背景、學歷、經驗等去了解與評估。透過學、經歷來了解一個人，其實是世界任何角落、任何行業，甚至求學、求職階段中，都會參考運用的。反之，若身為消費者，也會更傾向尋找一位願意提升自己的溝通師，甚至傾向一位願意考量消費者的安心，願意顧及我們消費者而持續學習、領證的溝通師。

二、口碑認證

口碑是很重要的一種挑選方式。在網路盛行以前，口碑可能是唯一且最重要的挑選方式了。但現今網路普及、資訊發達，許多經營者也知道消費者們會想要尋找口碑，所以會在銷售頁面上「製作」出許多回饋文案，或是把服務時數、個案數量等數字撐大……。我們之前有幾次被臉書上銷售網站的回饋文案吸引，後來才發現，不少回饋都是業主自己打的，或是一些不是本人使用的帳號留言。所以慢慢發覺**口碑很重要，但真實性更重要**。

三、考核認證

動物溝通師與塔羅師、各類的占卜師很像（雖然塔羅、卜卦也與通靈不相同，但少部分的塔羅師、占卜師或動物溝通師，是透過連結或呼請神佛、天使、上師以及各種靈體的方式來進行占卜的，而這就是通靈式的溝通了）。無論是用什麼樣的方式來服務，對於想解決困境的飼主來說，準確度才是最關鍵之處，因為沒有準確度就根本不是動物溝通了呀！當然，考量一個溝通的好壞不僅只有準確度，其他包括心念、態度、應對進退、甚至同理心、包容度與生命智慧等等都很重要，但這些都是立基在最重要的準確度之上。所以在挑選溝通師時，會建議去挑選曾接受嚴格評鑑、考核通過的溝通師，準確度受過評鑑相對保障總是比較高一些。

這裡為大家介紹亞洲區的考核認證：**亞洲動物溝通師聯合認證系統**。該系統是亞洲動物溝通領域的跨國性聯合認證，也是唯一要求考核準確度的系統。該系統的所有會員組織以「愛與平等」為創立宗旨，無論溝通師來自哪一國家、師承何處，甚至對自學者都一律平等，僅以準確度為唯一認證標準。

而台灣動物溝通關懷協會是台灣在該組織的唯一代表單位，協會成立之目的就是以協助民眾安心預約為考量，同時全心推動協助所有動物溝通師發展，並以關懷動物、動物平權為方向的非營利組織，更推動長期關懷動物計畫、友善動物活動、動物養育知能講座，以及協助溝通師出版等相關的長期性計畫，為台灣最大的動物溝通非政府組織。有興趣者可搜尋臉書「台灣動物溝通關懷協會」或至官網 www.taccaworld.com 了解。

四、找一個真正懂得溝通的人

無論你習慣稱這行業叫做動物溝通，還是寵物溝通，裡頭永遠不變的是都有「溝通」二字。

也許你也有去占卜過或算流年之類的經驗，但你有沒有發現常常聽一聽，一陣子後只能記得當時的兩、三句提醒，而最後能在生活中實踐或完成的，可能有一個就很不錯了。其實，我們早就都知道要好好陪伴動物，要早睡早起、要努力向上、要知足、要多喝水、要常常運動、要這樣、要那樣……我們都知道該怎麼做，但卻無法做到，是因為我們每個人在每個角色上都有各自的不容易。而**所謂的溝通，不是為了改變一個人才進行，更不是為了要對方聽從自己的期待。溝通是為了讓雙方更理解彼此**，是為了在過程中找到彼此都舒服的位置。

舉例來說，如果一個溝通師只是受家長之託，就跑去跟孩子說：「你不要每天打電動，記得每天放學下課後要先寫作業，然後按時吃飯、洗澡，同時孝順地幫忙家裡洗碗、做家事……」，我想這樣子的溝通，最後結果肯定是無效收場。又或者，一個溝通師是受小孩之託，然後告訴家長：「孩子很可憐，他們一輩子就這一段成長時光，你既然生他就要好好照顧他，應該要……」，我想這樣壓迫或要求式的溝通，很常出現在日常生活裡。總能想像得到，會有一位高高在上，手持著道德或正義教條的魔人，扛著幫助的大旗其實是在訓斥。

說真的，這樣的溝通也只會令人卻步而已。所以，無論單純只站在家長的角度去要求動物，還是站在動物的立場去要求飼主，其實都可能造成更多的壓迫與不適當。無論是人與人之間，還是動物與人之間。我們常以為「溝通」就是說服對方，或是用各種方式讓對方順從或認同我們，這也是許多關係緊繃的原因。

倘若動物溝通師只是翻譯了動物的話，只是變身成為一台翻譯機，那真的很可惜，如果能夠懂得溝通、同理，甚至能夠協助飼主或動物跨越內心的困難，在過程中看見彼此的不容易，甚至能夠讓彼此關係因為會談後變得更融洽，創造每一份關係獨特的平衡，那才是一次良好的「溝通」。一位好的動物溝通師，如能常常在生活中去體驗什麼是「好的溝通」或「好的關係」，或能去學習相關的溝通知能、學習促進一段關係的改變，甚至能有**更多的心理空間去包容、去理解任何一方要改變時的不容易**。我想，這樣更能成為一位好的溝通師。

所以如果要挑選一個好的動物溝通師，挑一個能懂「溝通」的人，也是考量的重點之一。

失蹤協尋，動物溝通讓他們重逢

二〇一六夏天，有一隻黑白相間的米克斯犬失蹤了。

這隻米克斯狗狗平日大多在庭院或家門口活動，晚上會回到屋內和家人共進晚餐。但某日晚上，米克斯並沒有如常地回家用餐，他們雖然覺得異常，但猜想也許明天就回來了。直到隔天中午仍然看不見蹤影時，主人開始感到不對勁，傍晚時分全家出動在田野間叫喊，並挨家挨戶地詢問，入夜後心情也更擔憂了……。

由於飼主曾看過朋友進行動物溝通的分享文，於是聯繫了我們。傳訊息傳來時，已經是狗狗失蹤的隔日。狗狗失蹤是一件既難過又很擔心的事情，她的訊息字裡行間都流露著焦急與自責。

失蹤協尋的動物溝通如何進行

首先，我多會安撫一下飼主的情緒，並告知可以做些什麼事，**讓飼主安心**。依據我的經驗，如果狗狗失蹤的時間比較短的話，大多仍在不遠處，且狗狗如果沒有被抱走或發生意外，尋回的機率會高一些。但失蹤協尋最大的敵人就是時間，經常要與時間賽跑，對溝通師來說壓力也不容小覷。甚至許多溝通師是拒絕接失蹤協尋的案子，至於何以失蹤協尋特別困難，後面第五章有專門談到這部分。

稍微了解飼主的需求與狀況後，我當下直接與她通話說明動物溝通的進行方式，以及失蹤協尋上可能會遭遇的難題。當然，更重要的是透過首次通話，協助她的心能先安定下來，有助於彼此相互合作，尋回他的愛犬。失蹤協尋的溝通，必然得運用遠距離溝通的方式進行。

我會先判別狗狗的生命跡象，這也能讓飼主在第一時間安心。然後我將一些獲得的資訊，包括可能的路徑圖、個性、習慣動作和一些獨特且專屬性的重要資訊，以及附近可能的地理位置和樣貌記錄下，隨後將這些資訊傳給飼主。每次溝通時，我都會主動把完整資訊先給飼主過目，然後再致電核對資訊是否正確，如此可讓飼主更確認此次溝通不是透過對話來套資訊，也不是用籠統的形容來概述動物狀況。幫助飼主安心，也得以驗證所述內容與狗狗實際狀況符合的程度，好確定溝通的準確度。

溝通師協助尋回愛犬

最後，我告知飼主，狗狗仍在田野間溜轉，而且心情蠻平靜的，沒有覺得焦急或想立刻回去的感覺。同時，把狗狗一路依循的大約方向和可能接近的地點給飼主，飼主很幸運地就在描述的一條石子路後方，發現狗狗躺在一片茂密的稻草堆旁，怡然自得地躺在附近鄰居稻田裡搖尾巴吹風，看見狗狗神情自在的樣子也令她又喜又氣，從通話中感受到她所有的擔憂也都釋放了，瞬間由悲轉喜的喜悅。

看到這邊，可能對你來說有點難以置信。很想知道如何可以隔空就畫出飼主家裡附近，或失蹤處附近的路線？底下就從各個不同的面向，為你解析動物溝通背後可能蘊藏的各種原理，讓各位最全面性地理解動物溝通。

五

從類科學看動物溝通

因為量子科學的發現，使得許多本來無解的現象，也暫時有了解釋的可能性。

動物溝通傳至亞洲後，首先在香港開始發跡。一位歐美老師移居香港，開始了靈性派的動物溝通教學。隨後有類科學派的系統出現。類科學派與多數身心靈、New Age等領域一樣，都借用了腦電波、量子科學等理論，來闡述各種身心靈、New Age領域的遙視現象。

從腦電波理論看動物溝通

先以腦電波理論來說。此派別動物溝通師提出：電波是一種可承載、傳遞訊息的能量，且科學領域也已證實電波以接近光速移動且傳遞，而陽光、紅外線、收音機、電磁波、wifi、氣功等皆以電波傳導的形式在運作。並提出人本身也可發出電波的相關證明，所以推論，當溝通師進行動物溝通時，是一種電波傳遞資訊的現象。

相關學派借用了二〇一二年諾貝爾物理學獎得主，美國科學家戴維·瓦恩蘭（David Wineland）、法國科學家塞爾日·阿羅什（Serge Haroche）在量子光學領域的發明來描述動物溝通的理論。塞爾日・阿羅什博士是在一九九二年發現了「量子相干性」而榮獲該年洪堡獎的物理學專家，並於二〇一二年發明能夠測量和操縱「單個量子的系統」的開創性實驗方法而獲得諾貝爾物理學獎。在此科學發現後，許多身心靈領域都借用了該研究結果，來解釋自身領域中許多無法理解的現象，他們認為包括遠距治療、光子密碼、量子醫學等，均是根據量子纏結現象而出現的新領域。

從量子科學看動物溝通

量子科學其實是物理學的一個分支，主要在探索世界上所有物質的最小成分，以及最小成分彼此之間的關係與狀態。量子科學是以著墨微觀世界為主要研究方向，其與「相對論」一同被視為現代物理學兩大支柱。一直以來，科學家都在微觀的世界中，試圖尋找世界上所有物質的最小分子。因為只要找到最小的分子成分，就可能得以理解物質間的互動、變化，甚至發展出創造、重組的可能，譬如早些年電影中的瞬間移動，透過分解後移地重組以達到移動的效果，就是一種科學的假想。

甚至，當我們得以掌握最小物質時，很可能人類的細胞、疾病等，將得以重新建造與修復。所以一路以來，人類都不斷在微觀世界裡尋找物質的最小單位，以及物質間的互動與各種狀況，而量子科學便是微觀世界裡頭的重要理論，也是除了萬有引力以外，所有基本力的基礎。

在找尋最小粒子的歷史中，最早是古希臘哲學家所提出的概念：「一切物質都是由微小的鵝卵石組成」，他們當時稱這概念為「原子」。後來二十世紀時，科學家發現，本以為不可分割的原子，原來是由中子、質子、電子所組成；直到一九六八年，科學家又發現質子和中子是由三種更小的粒子所組成，他們稱之為「夸克」（質子有兩個上夸克，一個下夸克；中子則有一個上夸克，兩個下夸克）。然而，在四十多年後的二〇一一年，因為大型對撞機的誕生，科學家又進一步發現了質子對撞後會產生更小的「希格斯玻色子」。

以現今科學的層次來說，希格斯玻色子已是世界物質的最小成分，但對於科學家而言，他們一直相信認為希格斯玻色子並非是物質的最小成分，科學家們認為世界上還有比「希格斯玻色子」更小的粒子（科學的真諦本就是去探索未知的世界，而不是否定未知的世界），他們稱為「上帝粒子」。在科學領域裡，我們也一直期待能發現上帝粒子的存在，因為當發現了最小的物質，便能夠創造或理解這世界的更多現象，當然也得以解開世界各地許多古老的智慧與難以解釋現象的背後原因了。

為什麼動物溝通令人難以理解

而以現今科學來說，雖然還無法發現「上帝粒子」的存在，但我們也已發現「波」是構成所有物質的最初，所謂的「波」就是一股震動。所以很多身心靈領域，包括類科學派的動物溝通師們都會以調頻、波、震動等詞彙，來詮釋或說明溝通進行時的發生與過程。但同時也有許多人不禁想問：如果是真的科學，為何這麼難以理解？甚至難以讓多數人輕易地接受呢？其實，許多科學之所以難以被接受，原因就出現在我們身處的環境，這環境指的就是人類生活的速度狀態。

簡單來說，相對於光的速度，我們全體人類都是活在一個低速度的世界，而低速度世界裡的物理現象，跟近光速世界的現象是很不同的。舉個例子來說，如果你還記得「牛頓三大運動定律」的話，你會發現在日常中，我們可以輕易地理解那些作用力、反作用力之類的道理，甚至能輕易地舉出各種物體的運行，來模擬或說明牛頓運動定律的理論。但在近光速世界裡，牛頓的三大運動定律是有明顯的瑕疵與錯誤的。

當我們在近光速或微觀的世界裡，許多的物理現象與我們日常所認知的「常理」是有所不同的。以量子理論中的「量子纏結」（或稱量子糾纏 quantum entanglement）來說，明明是已分開的兩個粒子，遠端的其中一個粒子獨立變化時，竟可以影響著遙遠的另一個粒子。愛因斯坦先生便曾提到這種可以遠距離相互影響的現象，已完全違背了「定域實在論」[1]，他也把這種超遠距的相互作用現象，稱之為「鬼魅般的超距作用」。

這些非常理能理解的現象，也開始被各領域學者用來解釋許多無解的現象，包括占卜、禱告、念經、神通、東西方宗教和世界各地原住民的傳統儀式、招喚、祈雨等等。二〇一八年十一月時，台灣諾貝爾獎得主李遠哲博士也偕同許多華人科學家在印度達蘭撒拉與西藏達賴喇嘛進行佛教與科學的會談，當討論到佛教多種現象時，也是運用物理科學、量子科學等理論作為基礎。也因為量子科學的發現，許多本來無解的現象也暫時有了解釋的可能性。

1　定域實在論：又稱局域性原理、區域性原則，認為一個特定物體，只能被周圍的力量影響。

科學界對動物溝通的態度

雖然我們可以從類科學的角度來看動物溝通，不過也有一群科學人抱持著保留的態度，就像對超心理學的態度一樣。或許量子科學是解釋了這現象的存在與真實，但量子科學就直接是所有現象的完整解釋嗎？量子科學就是所有占卜、禱告、遠距療癒或動物溝通的理論基礎嗎？有不少學者對此仍站比較保留的立場。也許再過幾十年後，我們的科學便能解開一切的謎團。

以目前來說，**動物溝通的精準與否，是可以透過考核來釐清與驗證**，可以透過考核來確保正確與減少欺騙的可能性。但裡頭運作的真正現象，尚待更多時日去慢慢發現。所以我們將這一種闡述動物溝通原理的類別，稱之為類科學。如果對於相關量子與靈界科學議題有興趣的朋友，也可參考《靈界的科學：李嗣涔博士25年科學實證，以複數時空、量子心靈模型，帶你認識真實宇宙》一書。

六 從身心靈領域探索動物溝通

靈性溝通需要完整的接觸，不過不需要避之唯恐不及，帶著開放的心才能體會更寬廣的世界。

隨著工業革命的興盛與強大，歐美強權在世界各地擴張領土的同時，也傳入了許多文化與宗教思想。先進的科技豐足了物質，但相對也造就人類思想與心靈的空虛。一九六〇年代的西方社會盛行一種去中心化的社會運動，去中心化指的是沒有固定的中心信仰，這股風潮被稱為新時代運動（New Age Movement），本節要介紹的就是受到新時代運動影響的——靈性派動物溝通。

靈性派動物溝通的起源

新時代的人們以折衷且個人化的方式取代了固定信仰的觀念，其吸收世界各宗教的元素與靈感，包括猶太教、基督教、伊斯蘭教、印度教、婆羅門教、漢傳佛教、藏傳佛教、道教、西洋神祕學、新異教、普世主義、馬雅文化、占星、巫術、煉金術、卡巴拉、印加文化，以及各種替代療法的智慧。

新時代運動可以說並沒有特定確實的發起人或團體，而是一種社會自然形成的氛圍，其不約而同有著一些共同概念，例如：人性即為神、萬物皆有神性、萬物萬法歸一、一切宗教終為歸一、宇宙與人們都會走向一種深層意識的覺醒，並相信「宇宙的覺醒會使世界走向樂觀」，同時有著「信念創造實像」，以及「科學與靈修的終極目標是一致的」等概念，這些源自各宗教的概念，也成為了新時代運動下的共同信仰。

隨著新時代運動的潮流，動物溝通正式邁向職業化之路發跡於美國加州，同時西方人也開始接觸許多東方的靈性文化與思想。當然，在加州開始發跡以前，許多東西方的古老智慧也都已提到人類和動物溝通的相關資料與文本，而一開始的動物溝通，稱為 Pet Psychics、Animal Communicator。Pet Psychics 也就是動物星球頻道裡《寵物溝通師》節目的名稱。在歐美地區的動物溝通其實也和新時代潮流的特性一樣，融合著各方的智慧，彼此間其實有的觀念差異甚大，但主要都秉持著萬物皆有神性、萬物歸一、物種間的溝通是所有人本來就有的能力，以及信念將創造實像等概念。

靈性派動物溝通的進行方式

也因為新時代本身就有著去中心化，包容各種差異的特性，所以「靈性派的動物溝通」裡也有著些許不同的進行方式。多數靈性取向的動物溝通，其進行方式通常會有幾個步驟。

第一步：神聖空間

也可以說是一個保護場、壇場。此壇場會因設壇者本身所信仰的宗教差異而有所不同。有的會用花朵或礦石擺陣，有的會布置成西藏密教的曼陀羅壇場，也有的會用東方道教的觀音、媽祖等各種神尊雕像，或是西方的天使、大師的雕像與照片等，也有的會借用薩滿教、印度教或基督像等物件來建立一個神聖空間。

第二步：清理管道、淨身

新時代許多智慧認為萬物歸一，人可以是一個通道、一個管道般的存在，所以可以接獲許多動物的資訊，甚至於一些其他特殊資訊，而在連結之前，要先清理自己，也就是清理訊息接受與傳遞的管道。清理管道的方式又因宗教差異而有不同，多數會以想像與感知的方式進行脈輪的清理，或用想像聖光的方式進行淨身。

第三步：連結靈性智慧

有的靈性溝通師會在上一個動作時，便同時完成「連結靈性智慧」的過程，有的則是先清理後才連結。不同文化對於連結靈性智慧的形容有所不同，有的稱為連結大地之母，有的稱為連結能量、呼請高靈、指導靈、守護動物，或有的是呼請自己的主神、觀音或其他菩薩等。若以東方宗教術語來說，就是與通靈相似的概念，而當一名動物溝通師有呼請其他靈體的操作時，也被稱之為「間接溝通」的動物溝通方式。

第四步：與動物建立關係並開始溝通

當連結了大地之母、高靈或動物靈之類的靈體後，通靈派的動物溝通師便會開始與動物溝通。此刻，有的溝通師會選擇先進行記錄，再與飼主對話，有的溝通師則是選擇即時溝通、即時翻譯。除了這項不同外，有的溝通師在進行對話時，是只透過文字訊息或留語音的方式與飼主互動，有的則會用撥打電話的方式進行互動。

多數溝通師在互動時，會透過類似占卜、塔羅牌的進行方式，進行問答式的動物溝通，少部分溝通師則較傾向融合心理諮商的方式，與飼主進行深度的會談，看見飼主的困難，並與飼主一同找尋讓動物與飼主關係更融洽的方法。這種會談基本上不太加入溝通師自己的建議，因為會談式的溝通師秉持著只有飼主才真正理解自己或毛孩改變的困難，也相信飼主本身才是決定的關鍵與力量所在，所以，較不會在互動中直接教育、要求，或給予許多建議與直接說明「應該」做什麼。

第五步：清理、迎送

靈性派的動物溝通師，多數會在結束會談後進行清理或迎送的動作。通常會先迎送動物靈、而後清理自己與空間，最後迎送各種迎請來的高靈、大地之母或菩薩。這步驟的先後順序不同溝通師有著不少的差異，也有的溝通師會少一、兩個步驟直接跳到下面的祝福或感謝。

第六步：祝福與感謝

對於靈性的溝通師來說，祝福與感謝是必要的動作之一。通常祝福是送給動物靈，感謝是送給外靈，有的溝通師也會對迎請來的外靈或自己送上祝福與感謝。另外，像孟寅或有的溝通師則是沒有前面恭請神明或外靈的部分，也加入了祝福與感謝的步驟。孟寅也會特別唸經迴向給溝通的動物，這階段可說是許多溝通師都會執行的步驟，不過並非是動物溝通的必要步驟。

以上是靈性派別溝通師在溝通時的主要步驟。大致上雖說是如此，但內容會因溝通師的不同而有差異，也因不同宗教與文化間存在著許多的差異。在此也特別提醒讀者，如要執行某種靈性的呼請時，**建議完整接觸或深入其原始宗教與相關起源**。確定了真正正確的方法後再執行，**避免僅是單純的依樣畫葫蘆**。雖然新時代的靈修者認為萬物都是合一，且帶著愛的信念就無所畏懼，但不同宗教與文化間其實仍有不少差異，避免誤觸禁忌還是較安全的。

本書雖是以傳授直接溝通（非通靈）的方式為主軸，但我們有時也會以靈性的方式進行動物溝通，當然靈性溝通需要完整的接觸，不過**不需要避之唯恐不及**，我們都清楚這世界太大，不是渺小的我們能夠全然得知的，**帶著開放的心也才能體會更寬廣的世界**，而不落在狹隘的眼界裡。帶著開放的心，底下繼續為各位介紹世界各地從古至今諸多文明中，很多與動物溝通、遙視或超感知覺 ESP 相關的發現，以及本書的主軸「心理派的動物溝通」，讓各位能更全面、完整地理解動物溝通的世界。

七 從文明演進與生理科學來聊動物溝通

人類有巨大的潛能尚待開發，多數人只用了極少的腦部功能，也只有少數人懂得開發或運用更深的潛意識。

動物溝通等**超感知覺是人類與生俱來的能力**，自古以來，世界各地文明對於「遙視」與「超感知覺」（Extrasensory Perception，簡稱 ESP）等特殊能力，雖有許多記載與發現，但直接測量與衡鑑卻有困難，人們對這些總帶著好奇、敬畏與未知的感覺。其中不排斥的一群人，帶著好奇心走向了探索未知、驗證未知的科學領域。近年來，專門研究各種人類腦部與外顯行為、內在狀態相關性的腦科學家們，也隨著科技的進步而有了更多的科學發現。其中與動物溝通領域有關的最重要發現，就是松果體，以及被稱為「精神分子」的 DMT（Dimethyltryptamine）了。以下將從文明演進與生理科學的角度來介紹動物溝通。

從文明演進的角度來聊動物溝通

你有發現嗎？其實古希臘哲學家的兩句話，正清楚的呈現出散落世界各地的宗教與文明，大家共同且一致的概念：**一是人類得以透過第三隻眼與宇宙能量接軌，二是人類得以運用一些方**

式，進而與外界世界進行特殊溝通。看到這裡，可能你會覺得不可思議且遙遠，或是你可能看過不少的動物溝通課程或相關資訊都告訴我們：與動物溝通是人類生來就有的能力，只是我們太專注生活瑣事而失去這些能耐。要如此說也是沒錯，就像是許多前世今生的案例中，多數是小孩子能知道自己前世；也像很多民間傳說裡發現的，小孩子比較看得見鬼魂或幽靈之類。這些看似謠傳的種種，在研究之後竟發現還真有點根據。

一些訓練「超感知覺 ESP」能力的實驗，例如：手心識字、隔牆看物、透視人體、遠距離遙視等，還有台灣、中國（杭州大學田維順教授）及世界各地的科學家都同樣發現，這些「超感知覺」能力在七歲至十四歲之間最容易學習，九歲達到顛峰，而從十四歲開始這些能力逐漸下滑，許多學者提出這些能力的失去，很可能是因學習大量知識後的影響。也有人認為這種能力的退化是人類的演化機制。換言之，也許喚回這些能力，正是人類超越生命限制的一種特殊表現。然而，不僅是因為年紀的影響，這其實與時代、文化、思想都有很大的關係。

隨著工業革命的發展與演進，地球接連出現了兩次世界大戰、殖民潮與冷戰時期。在欣羨富強，以及列強的文化侵略下，為了保衛家園的人們，都紛紛朝向工業，與實用科技邁開步伐。從二十世紀開始，這股以實用性為主流的風潮更席捲到法律、政治、教育、社會、宗教、科學、人文和藝術等各層面，成為全世界的一股同時主流思想，這波思想狂潮就稱為「實用主義」（pragmatism）。

所謂實用主義，最大特點就是帶著一種「功利主義」的思想。好的角度可以說是一種效率、結果導向，但這也使得人們做任何事都只強調最後結果，行為的成敗都漸漸只以「是否有效」作為衡量的標準。實用主義下的教育，好的方向叫做：要學就學有用的東西；但相對的，所有知識與學習最後都只是為了達成目的，甚至只是為了能成就或賺到錢的工具而已；經過教育與社會風氣，人們開始只強調外在的一切，以及物質價值，漸漸遠離了內心與內在的價值。

這樣的思維既深且廣的影響了整整兩個世紀、近四代的我們。當我們的父母、祖父母、老師、長輩都帶著這樣的思維，在這樣風氣下成長的我們，活著彷彿變得只是為了滿足慾望，到最後我們的心偏向了物質滿足，但偏偏物質卻無法帶給我們平靜。因著慾望而生的比較心，也使得我們的內在匱乏感愈來愈深，而遠離內心寧靜的我們，也遠離了平靜可能帶來的智慧。有句話說：「極靜生慧」，裡頭的那個靜，正是智慧的關鍵。只有當我們緩下了腳步，回到內心後才能理解所謂的智慧。這個智慧就是上頭說的，一個是連結能量，另一個是觸動松果體激素，而進行與外界或動物溝通的智慧。

世間萬物運行都不離物極必反的道理，思想與風潮也是如此。在實用主義的風潮下，近年也很多持對立角度的思想運動跟著崛起。許多感知並跟隨內心呼喚的人，開始朝向著內心探索而去。一些科學家也是如此，其中最有趣的莫過於美國實用主義最重要的代表人——美國心理學之父威廉．詹姆士（William James）[1]。威廉．詹姆士是美國著名哲學家與心理學家，其一九〇七年著作的《實用主義》一書，將實用主義推向了時代的顛峰，更有趣的是美國心理學之父威廉．詹姆士終其一生也都投入於研究超心理學、超感知覺等心理學主題，同時，威廉．詹姆士也

1　威廉・詹姆士：一八七五年建立美國第一個心理學實驗室。一九〇四年當選為美國心理學會主席，一九〇六年當選為國家科學院院士，美國心理學會創始人之一。是研究「超個人心理現象」與「超心理學」的專家，也是《美國心靈學研究會》的主要創立者。

是美國「超心理學」領域研究的重要推手。

重新研究超感知覺——超心理學

「超心理學」如同心理治療或心理諮商一樣，都屬於心理學裡其中一支，專門研究超感知覺ESP、動物溝通、催眠等等特殊的現象。威廉・詹姆士強調人類有巨大的潛能尚待開發，多數人只用了極少的腦部功能，也只有少部分的人懂得去開發或運用更深的潛意識。他認為人的內在有許多不能以生物科學解釋的地方，需透過某些現象來領會其中「超越性的感受與價值」。

橫跨哲學、心理學與精神醫學界的威廉・詹姆士，對於催眠，以及超意識的「自動書寫」也投入相當多的研究。研究裡頭的自動書寫技術正是現今許多動物溝通課會介紹到的技術。自動書寫其實有幾種截然不同的進行方式，皆源於超意識與催眠運用的範疇。我們便是從心理學的角度出發，慢慢走向超心理學，無意間開啟了潛意識與進行動物溝通，有關於超心理學切入討論動物溝通的部分，下一個章節會再詳細說明。

雖然部分學者認為超心理學屬於心理學的一支，但也有學者認為超心理學是一種偽科學，這在西方科學界中也爭議多年，但也因這些碰撞孕育了更多的研究成果與發現。台灣學術界對於與激活潛意識相關，或是與動物進行溝通的現象，也有學者在研究，但同樣也曾出現爭議。於研究領域中最廣為人知的動物溝通者便是日籍高橋舞小姐了，而這種與動物溝通或隔物識字的心靈成像現象，也被稱為「屏幕效應」。

部分華人將屏幕效應或一些不太常見的潛意識運用，稱作特異功能或潛能激發。華人各地研究團隊都是透過標準化的導引方式，協助受試孩子進行研究，也正因為部分的潛能與特異功能是可以透過學習、導引與訓練而獲得，所以許多潛能激發課程也相應而生。

但這些能力就像占卜、通靈或算命一樣，準與不準存在很大的差別，同時訓練方式也因為張三傳李四，變得比較失去標準化，幸好動物溝通的資訊是可以被飼主所驗證，所以亞洲動物溝通師也才有志一同的共創了亞洲聯合認證機制，其透過嚴格的考核讓消費者得以真正安心與信賴。當這些溝通師開始溝通的時候，便開啟了屏幕效應以及領會超越性的感受，也就是腦內「松果體」產生激素的時刻。這也是許多宗教的僧侶與古文明的先知們，不斷砥礪自己前行的方向。

超感知覺的關鍵——松果體

松果體，是以一層層的螺旋式序列呈現，這種序列恰巧代表著生命的開啟，也被稱為「花的生長模式」。松果的圖騰在埃及石雕、東亞石窟或一些古代神聖藝術繪畫等作品中，常代表「人類的覺醒」以及「意識進化」的象徵。在西方希臘神話裡，酒神——戴歐尼修斯（Dionysus）的手杖頂端正是顆巨大的松果圖騰，其代表酒神的能量流經身體脊柱，通往「第六脈輪松果體」，也代表著指引導能量的意識。在印度瑜珈裡，他們將這股日常處於沉睡狀態，需透過訓練而提升向上的能量稱為「昆達里尼」（Kundalini）；而在東方中醫與道家裡同樣高度重視這個概念，但名詞不同。在中醫裡我們稱作「精」，道家則稱為先天的「炁」。

松果的圖騰在西方的天主教世界裡，同樣受到高度重視。當我們有機會前往梵諦岡中心時，你會發現佇立於正中央的不是耶穌或聖母瑪利亞的雕像，而是顆超巨大的金屬松果雕像。梵諦岡官方教會形容這個巨型的松果雕像，同樣象徵著人類重生、新生與覺醒的涵義。在世界各地幾千年以來的雕刻與文獻裡探索，你會發現各地文明不約而同地對於松果圖騰有極端雷同的重視。

松果眼的概念也是法國作家巴塔耶（Georges Bataille）提出的生殖哲學的中心思想；在《Kechari mudra definition by Babylon's free dictionary》一書中，馬德拉認為松果體對於瑜珈修行佔有重要的關鍵；在法國哲學家巴舍拉（Gaston Bachelard）的《空間詩學》（The Poetics of Space）中松果體也被注意到；而一些新時代潮流者，如海蓮娜（Helena Blavatsky）、愛麗絲（Alice Bailey）等都在著作裡寫到了靈魂和松果體之間的神秘關係。

古今中外，各文明與宗教都對第三隻眼松果體有莫名的熱衷。無論是東方如印度教、婆羅門教、佛教、道教神像上，或在西方古文明祭司的面具上，也都不約而同地刻畫著第三隻眼。在印度教與瑜珈士的世界裡，他們認為人類擁有第三隻眼，且是部分人類擁有未卜先知能力的重要關鍵。至今，印度人仍會畫點於眉心或在眉心畫上「脈輪」（Chakras，音譯查克拉），對印度瑜珈士來說，松果體的激活代表的就是高級脈輪的綻放，也是與宇宙交流的通道；古希臘哲學家也同樣認為人類有第三隻眼，就位在人類大腦的中心，是宇宙能量進入人體的閘門，也是人類與女神厄里斯（Eris）溝通的唯一途徑。

如何使超感知覺能力覺醒——黑暗靜心法

從世界各地的宗教與文明看來，無論是眾所皆知的瑜珈、來自亞洲盛行於南美的薩滿教、道教、馬雅人，或是西藏藏傳佛教等所有傳統宗教，他們都有一個共同的修練方式，就是「黑暗靜心法」。「黑暗靜心法」顧名思義是在黑暗中靜下心。透過後代的科技我們開始理解，原來是因為當人在極度黑暗的地方時，因為對萬物視而不見，使得人將更輕易的向內觀察內在的光與能量，此刻的第三隻眼也得以更加活躍。

在南印地方村落甚至有此一說法，當一個人長期處於黑暗時，人的身體功能將不再隨著太陽與月亮的晝夜調節，不僅內在的紛擾會隨之放下，連同生理機制都會出現全新的步調，而第三隻眼的活躍正是通往微妙經驗的大道。在印度瑜珈士的概念裡，當所謂的生理機制改變指的就是「昆達里尼能量」。印度瑜珈是認為昆達里尼通過了第六脈輪（Chakras）繼續上升至第七脈輪時，便會出現肉眼難以識見的一種光環。這光環說也奇怪，在世界各地不同時代的畫作裡，也都巧合地出現在第七脈輪的位置。

無論是耆那教的神像、羅馬太陽神、保加利亞的基督畫壁、道教的神像、泰國佛殿、古埃及文明的壁畫、遠古時代墨西哥文明石壁、佛教的神像、希臘化時代的犍陀羅國雕像，或是斯里蘭卡丹布勒石窟、蘇美爾文明、婆羅門教神像，還是義大利聖喬瓦尼·羅通多的天主教壁畫等，散落各時代的世界各地文明都共同的用光環來象徵意識覺醒之人。

意識覺醒是極靜下衍生的一種奧妙智慧，另一種極靜狀態的智慧，便是透過松果體活躍後，得以與外溝通的能力。兩種能力都是極靜所生的智慧，這也就是何以學習動物溝通時，並非單純的靜心就能學會，因為靜心有可能通往的是意識覺醒的方向，這裡頭其實是有差別的，而相同的部分是都兩者需要透過專注，放下紛亂的意識；兩者都需要讓自己的身心處在一種當下的感覺狀態裡。

也許對於很多人來說，聽到「靜心」就覺得是修行或靜坐，其實靜心真正涵義就只是**練習停下紛擾的心、停下紛亂的自己而已**。學習動物溝通正是一條讓人得以放下紛亂的心的方式，但並不只是單純練習靜下心便可以學會，這裡頭還是有些不同的。但到底是什麼樣的狀況，可以讓人得以發揮這些特殊能力呢？以下將從生理科學切入，告訴大家身體的器官運作與這些特殊能力的發揮有甚麼關聯性。

從生理科學的角度來聊動物溝通

動物溝通是人類與生俱來的能力，而從生理科學的角度看來，學習動物溝通不可或缺的器官就是松果體。松果體（又稱松果腺、松果眼 The Pineal Eye 或第三隻眼）座落在大腦正中央，是人類最小的器官。松果體獨特之處在於，明明深埋在堅硬的頭骨與層層組織之下，卻仍對光非常敏感，有完整的感光信號傳遞系統。一些生物學家認為在演化過程中，松果體細胞與視網膜細胞有著同樣的演化原型，其細胞有如同眼睛功能的感光細胞。對於人類來說，黑暗的環境會刺激松果體分泌激素，光亮則會使其抑制「褪黑素」。簡單的說，被深埋的松果體就是人類與環境連結、感應環境並調節生理晝夜的器官，也可能是人類得以運用心靈成像能力的關鍵。

舉世聞名的哲學家——笛卡兒對於松果體也有相當的研究，他認為松果體是人類意識與物質之間的連結處，還給了松果體一個「靈魂之座」的稱號。在他一六四〇年一份文獻裡曾提到：人腦所有的部位都是對稱的，兩隻眼睛、兩個耳朵、兩個鼻孔，甚至連大腦都分左右兩邊。他認為從雙眼或雙耳接受到的外在資訊，都會腦中某一處匯集並整合，而在頭腦裡頭唯一不成雙又座落正中位置的，正是帶有感光能力的松果體。

精神分子——DMT

從生理層面上看，當一個人放下紛擾的意識，或是進入睡眠、催眠狀態時，腦內便會生成一種獨特的物質 DMT 學名是二甲基色胺，中譯為「精神分子」，也有人稱之為 Spirit molecule。DMT 是一種自然產生於人腦的色胺和迷幻物，研究發現 DMT 可能是促使人體激活潛意識的重要關鍵。

許多生理與精神藥物學家認為，DMT 在人類的一些心理和神經狀態運作中佔了重要的角色。包括每天晚上睡著至一定深度後，進入了 REM 快速動眼時期的作夢階段，當我們開始進入了作夢階段，大腦會出現類似視覺的效應，但卻非真實看見了什麼。醫學研究員卡拉威 Callaway 博士發現在這個階段的 DMT 濃度，也隨著夢境會有週期性的變化。同時科學家也發現，人類除了睡著作夢以外，在出生和死亡或瀕死時，松果體也會自然大量產生 DMT。也因此，有人說它是連結生與死之間的橋樑。另外，在人類開啟遙視或預見未來的特殊心靈狀態時，DMT 也有濃度變化的反應。這讓許多科學家對於 DMT（精神分子）更有著極大的興趣。

一九七〇年左右，美國神經性藥理的精神科醫師瑞克・斯特拉斯曼（Rick Strassman）博士認為 DMT 是大腦開啟接收信息能力的關鍵，開始以佛教僧侶為研究對象進行實驗，發現 DMT

在經過深度冥想、瑜珈、靜心，或催眠狀態下會提高濃度，而在佛教、印度教、耆那教、錫克教和瑜伽士的學習歷程中，他們所練習的一種意識狀態 samhadi（三摩地）下也會自然產生；到了一九九〇年左右，新墨西哥大學做了一項 DMT 相關研究，研究安排了六十名自願接受注射 DMT 的受試者，研究結果發現受試者在施打 DMT 後，多可經驗到特殊的聽幻覺或視幻覺，這些幻覺與瀕死時產生 DMT 後，以及進入睡眠、催眠狀態時的感知經驗相似。

美國哈利博士（Harris L. Friedma）與史丹利博士（Stanley Krippner）在二〇〇九年出版的《Mysterious Minds》一書中提到與 DMT 相關的生化機制，他們認為 DMT 很可能就是人類呈現如夢境般視覺現象和出現其他意識狀態的重要介質；瑞克・斯特拉斯曼則提出，人類自然產生 DMT 的原料 methyltranferase 就是存在於松果體內，而 DMT 和血清素（serotonin）及褪黑激素（melatonin）都有相當關聯，且又和睡眠與憂鬱症有很大關係。另外，科學家們也發現自然界植物中也存在著 DMT，且有許多文明早有使用相關草藥成分的蹤跡。

生理物質的藥物運用

科學家發現，從亞洲傳至北美、南美秘魯的薩滿教裡，薩滿巫師要開啟特殊智慧或通靈時，也會食用含有 DMT 成分的草藥來達到迷幻狀態。近年非常盛行的「死藤水」（Ayahuasca）便是其中之一。幾百年來，亞馬遜河流域的諸多部落裡，都有使用死藤來治病的習慣，對於他們來說，使用死藤是神聖的過程，只有部落的薩滿或草醫懂得製作死藤水的方法；其中位於南美洲印加地區的蓋邱亞族語人認為，死藤的涵義是「死亡或靈魂之藤」，是協助靈魂間相連之藤蔓，整個採集到製作的過程都是神聖的，需經過專門儀式才可進行。

一些科學家將含有 DMT 成分的死藤水進行化學與效用分析，發現食用死藤水的受試者血壓會上升、心率會加快、體溫也會升高、且瞳孔會出現放大效果，其效果於一百二十秒左右會在人體中達到高峰，約二十至三十分鐘後開始減弱。經過許多的探究與發現後，有部分的人認為，人類透過注射或刺激 DMT 的自然釋放，可使其建立起與外界的連結管道，並使大腦接收宇宙或外界的訊息。

心理學者大衛・威爾科克（David Wilcock）在其二〇一二年的著作中《源場——超自然關鍵報告》（The Source Field Investigations: The Hidden Science and Lost Civilizations Behind the 2012 Prophecies）也提到 DMT。David wilcock 談到 DMT 具有一種得以提升松果吸收更多的光子的功能，讓這個第三眼得以發揮遙視或相關的超感知覺能力，對於 David wilcock 來說，DMT 就是源場的光子信息，就是人體內源調控人腦的接收管道，讓人產生時光旅行（Time travel）、時間膨脹（Time dilation），或神遊超自然境域（Journal to paranormal realms）等各種感知覺，亦同如一個得以調控頻道、方向的接受器，控制且連接不同空間、時間的訊息。

也正因此，DMT 成為被濫用的一種強力迷幻劑。DMT 的化學結構類似人造迷幻藥：麥角酸二乙醯胺（lysergic acid diethylamide, LSD），不過 DMT 是自然界的產物，性質也較 LSD 溫和，相對作用時間更短，副作用也較少，兩者都具阻斷腦部血清素（serotonin）的功能，也因為都會導致迷幻效果而成為各國政府取締的禁藥。

這個與人類開啟特殊能力有著密不可分關聯的 DMT，不僅在自然界、神通者、瑜珈士、修行人、催眠者，或甫出生與瀕死之人身上找得到高濃度，在吸毒狀態、精神分裂患者（現更名為思覺失調症）身上也可發現到較高濃度的 DMT，這個現象其實與下一章節提到的心理學機制也恰巧完全吻合，這一切之間的關聯在下一章節中，會再完整提到這部分。

回顧上述各層面我們會發現，很多科學領域都在慢慢驗證並串起古文明的古老智慧，雖然現今科技突飛猛進，但也還有太多部分是現在科技未能解開的謎團。科學界的我們也都還在持續摸索中，包括動物溝通與其他超感知覺的領域也同樣如此，我們都在用摸著石頭過河的態度慢慢前行。也期待不久後的未來，能解開更多的未知與道理，也期待未來有更完整的理論與知識能為你獻上。底下，就慢慢向你闡述動物溝通領域的第三勢力，從超心理學來談動物溝通。

八 心理派與動物溝通

了解心理學的範疇與全貌，並進一步理解動物溝通在心理學的位置及概念。

這世界許多現象都無法用單一科學去詮釋或全然理解，所以多數學者會跨足其他相關領域的知識。底下陳述的許多資訊是我們在心理學、哲學、催眠各領域中體會的，也同時涉及生物學、生理科學、腦神經科學、藥物學等等相關領域，這些部分可能略顯枯燥，你也可依照你此刻的需求，選擇想要閱讀的部分。當然，如能吸收更多的知識相信對於學習或補充動物溝通的理解，也會有相當的幫助。底下先簡單的介紹心理學的發展，讓各位了解心理學的範疇與全貌，進而理解動物溝通在心理科學裡的位置，以及在心理學中動物溝通所涉及到的概念，還有這些概念的運用方式，和這些運用方式在不同面向的佐證與研究。讓各位能完整的理解新一代的心理派動物溝通全貌。

心理學讓雙方更理解彼此想法

在當心理師以前，我們跟多數人一樣以為心理學就是專門在研究「對方心裡頭在想什麼」的學問，甚至以為走心理的人就是坐在治療室裡，像歐美影集裡演的一樣在沙發上跟病人談話。後來才知道，原來「心理諮商」只是「應用心理學」裡的其中一門而已，其他有關於研究人類的意識、感覺、知覺、超感知覺、動機、認知、情緒、行為、人格、異常心理、人際關係等等，都屬於心理學的範疇。

心理學在各門科學中，其實是支相對年輕的領域，其發展不到一百五十年的歷史，猶如十九世紀德國心理學家艾賓豪斯（Ebbinghaus）說的：「心理學有個漫長的曾經，卻只有一個短暫的歷史。」心理科學最早是由「生理學」慢慢演進成為一門獨立的科學，也有學者認為最早的心理學來自更古早的哲學領域。心理學也因為發展歷史相對較近，常站在其他領域的肩膀上。更因為這世界許多樣貌，其實本就難以用單一專業就完整的詮釋這世界的樣貌，所以你會發現許多專業的心理學者可能都橫跨於哲學、生理、腦科學、神經科學或藥理等領域。也因此，心理學的內涵從人類無法用肉眼直觀的大腦構造與機能，到看得見的外在行為研究，甚至是難以用儀器測量的內、外在現象，例如：人類的意識結構、人格結構、變態心理、各種感覺、知覺、超感知覺、訊息接受、訊息處理、各項智力等等，都成為心理學重要的部分之一。

這裡也想補充一下，許多人會以為心理師是改變人心、學習說服他人的專家。其實心理師的工作並不是用話術去說服或改變人，更不是透過技術去要求或教育另個人。當我們聽到一個人說：「我會去好好跟他溝通時」多數人都會覺得就是帶著「要另一個人改變或接受」的想法。但**「溝通」的目的，其實不是要去改變另一個人**，動物溝通也是如此。**「溝通」是為了讓雙方更理**

解彼此的想法、困難，還有那些總是不被接納的為難和不容易。所謂的「溝通」是試著幫助彼此，在相互都較舒服的狀態下，讓關係更加融洽；不但不是一種說服，更不是爭論孰是誰非的過程，溝通就是為了促進彼此關係而存在。這也是本書許多章節不斷傳遞想融入於動物溝通的信念。期待讓動物溝通不再只是單純的翻譯、教育或要求的過程，而是一段能讓飼主跟動物彼此更珍惜、讓彼此更相知相愛的過程。對我來說，基礎的標準是訊息的準確度，但能夠促進飼寵關係，更是一個良好的溝通師所需具備的專業與素養。

動物溝通能力——超感知覺ESP

回到心理學裡，你會發現心理學不只是一種學習良好溝通或促進關係融洽的專業，更多部分是在研究各種看得見的人類外在行為，還有內心世界裡，那些看不見的意識結構、感知覺、超感知覺、動機、認知、情緒、人格、異常心理等。這些都是心理學的研究方向，而動物溝通能力屬於「超感知覺」（Extrasensory Perception，簡稱 ESP）其中一種，超感知覺 ESP 則歸納在「超心理學」的範疇裡，如同教育心理學、商業心理學或心理治療一樣，超心理學也屬於心理學裡的其中一支學門。美國心理學之父威廉・詹姆士便是研究超心理學與超個人心理現象的專家。

威廉・詹姆士認為，人的內在有許多不能以生物科學解釋的地方，需透過某些現象來領會其中「超越性的感受與價值」，並強調人類有巨大的潛能尚待開發，多數人只用了極少的腦部功能，也只有少部分的人懂得去開發或運用更深的「潛意識」。威廉・詹姆士對於「催眠」，以及現今許多動物溝通課會介紹到的「自動書寫」技術，投入相當多的研究。他曾大量收集資料並實驗，發現「自動書寫」有時能解開罪犯的心理癥結，但並非所有人都可以做到自動書寫，有時須透過其他促進「潛意識」激活的方法。這些激活潛意識的相關方法也是本書的基礎，透過科學方法，幫助人們一步步學習動物溝通技術。

目前仍有部分學者認為超心理學是一種偽科學，如同各種科學爭議一樣，雖然永遠不會有最終結果，但正因百年來科學家們的不同立場，也讓科學孕育了更多的成果與發現。如果你對於這一類的相關研究很有興趣，世界各地有很多相關的研究結果可以參考，如果想閱讀已整理好的中文研究資料，推薦各位可以參考《不可思議的直覺力——超感知覺檔案》（Extraordinary Knowing: science, skepticism, and the inexplicable powers of the human mind）。這是國際知名的精神分析師、研究者、心理治療臨床工作者梅爾（Elizabeth Lloyd Mayer）[1]所著，本書囊括了梅爾與其心理研究團隊這十四年的研究精華，從佛洛伊德有關心電感應的著作、當代「精神分析師」的超感知覺 ESP 研討會議、美國中情局（CIA）遙視現象的祕密實驗、到最尖端的神經科學研究等等。其中讓許多人感到吸引且好奇的動物溝通（animal communication），便是超感知覺的應用之一。他們也和威廉・詹姆士發現的一樣，發現「超感知覺 ESP」與催眠、人類潛意識有很大的關聯。簡單的說，從心理領域的角度來說，「超感知覺 ESP」就是一種透過激活潛意識，進而讓潛意識發揮的過程。

1 梅爾生前為舊金山精神分析研究中心的臨床心理治療督導、加州大學醫學院精神醫學系副教授，更是「美國精神分析學會」聲望極高的「梅寧哲獎」（Menninger Award）首位獲獎人，是近代心理治療領域的大師級學者。

動物溝通所涉及到的心理學概念

由於早期的心理學多是直接將「可見物的研究方法」移植到心靈的研究上面，但從一九四〇年代開始，許多美國心理學家共同對於這種，只研究看得見的、唯物論的、機械論的、化約論（窄化了）的心理學研究方法，開始表達強烈的不滿。他們開始積極的修正並擴展傳統的研究典範（方法），心理學家們開始有系統地恢復這些被移除的人性的研究，也開始對心智、意識、自我意識、人格、感受、情緒、自由意志與責任感、內在經驗、各種潛能、創造力與想像等研究項目進行深入探討，這股風潮也被稱為「人類潛能運動」。

一路到一九六〇年代，人本心理學中最具影響力的學者亞伯拉罕．馬斯洛（Abraham Harold Maslow），更提出心理學典範還需要再進一步的擴充。他認為心理學的研究應往「高度心理學」[2]前去。簡單的說，除了生理和心理部分外，馬斯洛認為更該涵蓋人的靈性層面去研究；馬斯洛也批評了自己早期的「需求層次」是一種不夠完善的概念，且過於「以自我為中心」，認為若僅以看得見的部分才視為科學，是窄化了科學精神。於是，馬斯洛將自己早期影響心理學界非常深的「需求階層論」做了擴展，將一些「超越個人性的需求」加入進去，並將其界定為人類的「靈性需求」。

其實一直以來，科學都在不斷的轉變與成長。隨著許多科學家的努力，專司研究人類內在的超個人心理學、超心理學也在美國與世界各地漸漸開花結果，更多的心理學家開始研究有關人類

2　高度心理學一詞為維克多 • 法蘭克（Victor Frankl）所創立。

潛能、意識等領域。在這些研究項目中，其中以「意識結構」最能清楚的解釋出動物溝通的發生狀態，理解「意識結構」各位也能理解動物溝通究竟是在甚麼樣的心靈狀況下產生，也能理解，何以動物溝通難以用一般思維去理解，正是因為動物溝通的層次與日常的意識層次是不同的。

人的身體是由許多部位組合而成，我們稱之為「身體結構」；心理學家發現不只是身體，連同看不見的內心也是由不同意識層次所組成的，所以稱之為「意識結構」。不同的心理學家對於「意識結構」抱持著不同的觀點，其中包括二十世紀最偉大的心理學家弗洛伊德（Sigmund Freud）、阿德勒（Alfred Adler）、榮格（Carl Jung）、弗羅姆（Erich Fromm）、薩提爾（Virginia Satir）以及阿沙吉歐利（Roberto Assagioli）等。弗洛伊德視意識結構為三個層次，其中包括「意識」、「前意識」和「無意識」，且認為人類行為的驅動是來自無意識的力量；對於暢銷書《被討厭的勇氣》的理論概念創始者阿德勒來說，潛意識中最重要的是反而是人類內在的「自卑」與「超越」的力量；對於意識結構，榮格則提出了「個人潛意識」與「集體潛意識」的概念，並將「個人潛意識」做了更細緻的分類，他稱之為「原型」；弗羅姆則提出社會潛意識的觀念；另外還有家族治療大師薩提爾則將潛意識的冰山理論發揚光大；阿沙吉歐利則提出了非常重要的「意識蛋形圖」來描述意識結構的內涵。

談到這裡我們會發現一個很重要的部分，就是所有心理學家都認為：**人的內在除了有意識層以外，肯定還有日常不易發覺的潛意識層次。而你現在所學的動物溝通，其實就是一種運用潛意識（潛能）的過程。**

理解動物溝通的基礎——蛋形圖

對於想理解動物溝通的初學者來說，心理綜合學派（Psychosynthesis）創始人阿沙吉歐利的「意識蛋形圖」是一個很好的理論基礎，底下就透過阿沙吉歐利的概念，來清楚向你說明動物溝通在心理學裡所代表的內涵。

意識層

首先，先看蛋形圖中間最小面積的4。4就是「意識層」，就是我們日常生活中隨時可被看見的、可被覺知的、可認識到的一切萬物與現象，在意識層裡的一切是合乎邏輯、得以理性思考的素材。譬如：當我們思考動物溝通的概念，正在判斷，或是感到疑惑時，這些全都是在意識層次裡，也有人說這是「頭腦層次」，而不是「心靈層次」。日常生活中，我們基本上就是活在意識層次裡，而意識層在整個內在世界中，只佔了最小的區塊，雖然是最小的區塊，但卻是最重要的蛋黃區。

■意識蛋形圖

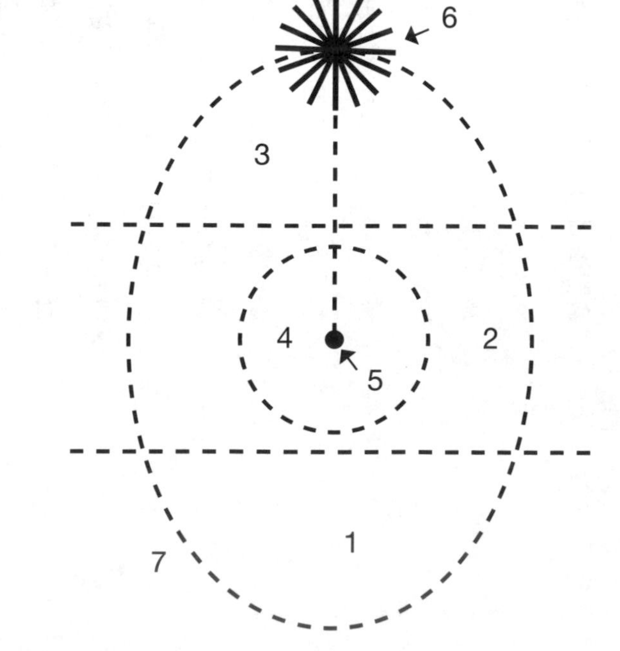

意識的自我

意識層裡有一個最小的中心點5。這部分就是人們所認識的自己。我們所認識的自己，是最渺小的。這說明著：我們常以為很懂自己，但其實很多時候，我們卻需要不斷的透過外在的一切來看見或證明自己。以心理的角度來說，我們並沒有那麼認識自己，應該說，我們的內心世界遠比想像中的還要深奧。就像電影《露西》裡演的，當一個人大腦發揮到極致時，會遠比想像中的還要擁有更多力量。蛋形圖中代表自我的5，位在整個圖形的正中央，彷彿也象徵著人類內心運行過程較多以「意識的自我」為中心。這意識層的自我，通常以小寫的self（conscious self）做為表示，相對於「意識自我」有另一個「自我」，就在蛋型最上端6的位置，則常以大寫的Self做為表示。

中層潛意識

在意識層旁邊，占圖形中間一層的2：稱為「中層潛意識」，也有人稱「前意識」。仔細查看蛋形圖，會發現裡頭所有的線都是虛線，虛線代表的意思是：各區裡的內容是可能跨區的，同時也代表著人的意識狀態是可以在不同區域間相互轉換的。中層潛意識就位於意識層的四周，也象徵著中層潛意識的內容是可以透過回憶或回想進入「意識層」讓人提取。中層潛意識屬於無意識和意識間的中介區域，通常無意識區素材，很難進入意識區被人們所察覺，僅有中層潛意識的素材較可透過回憶的方式直接提取。但這些界線其實並沒有不可逾越的鴻溝，可透過更深的潛意識技術而提取。可透過回憶直接提取的中層潛意識素材，也是多數心理諮商工作的層次。

低層潛意識

最低層的1，是「低層潛意識」[3]。低層潛意識包含了人最原始的本能、衝動、驅力、生理機械反應，以及不被環境、他人或自己所認可，進而壓抑下的生命經驗與創傷經驗。心理學家認為雖這些已受壓抑而遺忘的經驗，其實仍活躍且影響於當前生活。卡農（Walter B.Cannon）曾提到：「我們人類若沒有這一層次（低層潛意識），根本不可能生存及成長」，這觀念和人本心理學家馬斯洛的「需求層次論」中，人類有「低層基本需求」的概念相互呼應。人就是透過這深埋於理性之下，隱晦卻強烈的低層潛意識，才能與有機及無機的宇宙力量相聯繫。所以許多人也將心理治療裡頭的「精神分析學派」稱為「深度心理學」。哲學家方東美先生，將心理分析、催眠等鑽研人類深層經驗的治療領域稱為深度心理學，將一般學院式心理學稱為平面心理學，而將超越性的心理學稱之為高度心理學。其中，動物溝通的運用，正是在高度心理學的範疇裡，也就是下面談的高層潛意識的位置。

高層潛意識

在整個蛋形圖中的最上層3，是「高層潛意識」的位置，也就是方東美先生談的「高度心理學」的位置。將心理治療發揚光大的弗洛伊德，其實飽受許多心理學家的異議。哲學家兼心理學家的維克多・弗蘭克（Viktor Emil Frankl）認為弗洛伊德太過強調低層潛意識的本我，且僅將潛意識視為本能，忽略了潛能與靈性的部分；同樣的休斯頓・史密士（Huston Smith）在肯定弗洛伊德理論的同時，也指出了其限度。史密士認為：「如果馬克斯揭開了社會潛意識，弗洛伊德

3 精神分析之父弗洛伊德（Sigmund Freud）曾說過：「我只對人的地下室有興趣」。人類內心最深層的地下室指的正是「低層潛意識」。

則開啟了個人潛意識之途。這些都是透視高等結構的最好機會，繼續向深處前進，直到發覺那形成自我的神聖潛意識」。這句話的涵義是指：人類的心靈不只是有意識層，更不只有低層潛意識，**人類的心靈存有著一種我們尚未得知的高層潛意識，那是一種神聖的潛意識**。美國心理學之父威廉·詹姆士也認為：「人類日常清醒中的意識，稱為理性意識，理性意識只不過是意識的一種形態而已，在理性意識的四周，隔著一層極薄的薄膜，便潛藏著另外完全不同於理性意識的層次，許多人可能一生都從未想到這些層次的存在，但只要施予必要的刺激，各種形態的意識便會在當下體會而呈現，而這些不同的層次本就存在而各有自身的特殊發揮。」

「高層潛意識」這層包括了所謂的高峰經驗、心流經驗（別名為「化境經驗Zone」）[4]，**馬斯洛曾說：「人格中早已存有這種高級電路，所有高峰經驗、創造、美學、靈性修持、文思泉湧的過程都是這些的展現」**。多種超感知覺ESP、動物溝通或各種靜下心的能力展現，也止是這種高級電路的呈現。許多科學家、成功人士、藝術創作、深刻創見、科技上的突破、人格的轉變、融匯貫通的智慧、奉獻博愛的積極貢獻，或各種重要的決定或重大發現時，都是「高層潛意識」的一種發揮。這種靈感般突然的領悟、超感知覺的能力，也有人另稱為第六感、直覺、靈性智慧等等，動物溝通的能力正是這一種層次的展現，所以也**有人稱動物溝通為「第六感溝通」**、**「直覺溝通」或「靈性溝通」**。這裡的靈性不是指東方談的「請神、通靈」或神鬼之類的靈性，西方科學所指的靈性可以說是一種意識層次以外的，高層潛意識的意思。

以我們一般熟悉的「身心靈」一詞來說，「身」就是身體層，「心」就是意識層，而「靈」

4 對於這層次的狀態有很多種形容，包括：神馳狀態、靈感、智慧、洞見、光照、神聖、覺悟、直觀、洞識、醒悟、最高動機、高級驅力等等。

就是「潛意識層」。也有人說，「心」就是用頭腦思考的層次，「靈」就是心靈的層次。動物溝通或相關超感知覺ESP的能力，基本上就是一種靈性的智慧，就如同哲學家方東美先生所說的「高度心理學」的範疇。如前述所說，這種「靈性溝通」指的並不是一般指的通靈的「靈」，而是西方科學家們認為的，意識層次以外的「高層潛意識」。不過，也有部分的動物溝通師所做的溝通，是透過通靈的方式，這部分在後面章節討論「直接溝通」與「間接溝通」時，再好好為你詳述。這裡先有一個正確的概念是重要的，我們所教的技術都不是通靈的動物溝通，無需吃素或任何淨身儀式，是單純學習運用人類的潛意識潛能。

超個人自我

蛋形最上端6的位置，指的是「超個人自我」，通常以大寫的Self表示，也有人稱為真我、泉源、核心、頂峰、原型、超越之靈、佛性、梵、高我等。部分心理學家認為，多數人終其一生無法體會這部分。「超個人自我」需要一個人常處在高層潛意識的領域中才會偶然遇見，練習動物溝通處在高層潛意識的過程，是有可能會遇見「超個人自我」的部分。

集體潛意識

7則是最廣而沒有範圍的區域，我們稱為「集體潛意識」。人格結構最上層的是意識層，就是蛋形圖的蛋黃部分；人格結構中的第二層是個人潛意識，也就是蛋黃以外的蛋白部分；「集體潛意識」是人格結構中最底層的部分，榮格認為這部分包括祖先、種族在內世世代代的生活方式和歷史經驗，全然的庫存於我們內心深處的一種「遺傳痕跡」。集體的潛意識和個人的區別在於：集體潛意識的素材與內容並不是被遺忘或壓抑而成，而是我們日常意識層一直都意識不到的東西。榮格曾用「小島」做比喻，那些露出水面的小島土地是人能感知到的意識；在退潮時才得以顯露出水面的部分土地，就是個人潛意識；島的最底層，那永遠無法被意識到的是海床，就是我們的集體潛意識。

九 動物溝通的探索與準備

在探索潛意識的過程中，學者們發現了許多種應用潛意識的方式。

對於超個人心理學家、超心理學家來說，這些靈性的智慧是如何開啟與應用的呢？除了在研究中秉持實驗方法、步驟與精神外，部分心理學家都從理解潛意識開始，進而接觸並實驗世界各地所流傳的概念與方法。許多心理學家都曾接觸在西方流傳已久的催眠，包括弗洛伊德、詹姆士、榮格……等都曾接觸催眠。另外，部分的心理學家，包括前述的分析心理學創始人榮格、心理綜合學派創始人阿沙吉歐利等，對於東方智慧也有深入探索。以榮格來說，他對中國道教的《太乙金華宗旨》、《慧命經》、《易經》，及藏傳佛教的《中陰聞教救度大法》、禪宗等皆有深入的研究，同時對西方煉金術亦相當著迷。他在道教的《太乙金華宗旨》及西方煉金術中，遇見了與他的哲學思想相融相通之處。榮格認為：人這一生的任務，就是在調和「意識層的自我」與「無意識的心性」之間。也就在各家探索潛意識的過程中，學者們也漸漸發現了許多種應用潛意識的方式。

停下紛擾的念頭，靜心

要能運用潛意識，就要**降低大腦運用日常習慣的意識層的比重**。用上章節所談「身心靈」的概念，當我們要激活潛意識，要激活「靈」的層面時，就是要降低「頭腦」的使用比重，也就是降低「心」的使用比重，因為心就是意識層。降低心的比重方式，就是世界各地古文明與宗教都在做的活動：靜心。多數東方人一聽到靜心就聯想到宗教、或不科學的象徵，但這裡指的不全是這些意思。請你將靜、心二字拆開思考，「心」就是「意識層次」的意思。「意識層次的心」的特色就是讓人類得以思考，但這也使我們的思緒總是不斷紛飛，一下想這個一下想那個。心理治療裡許多治療學派都發現，人的意識總是過多紛亂，甚至思考的都是未發生的明天（未來），或是早就過去了的昨天（曾經），過多的紛亂就是造成憂鬱低落的主因之一。

所謂**靜心的「靜」，就是「停止」的意思**。靜心其實只是**一種練習「停下紛擾念頭」的過程**，並不是我們一般所聯想到的宗教通靈或不科學的意思。所謂的靜心，就是停下紛擾的念頭。有太多科學實驗研究顯示，靜心是促進身體、心靈甚至是解除壓力、疲勞等等的好方法，靜心也同樣是人類開啟潛意識能力的康莊大道，也是許多動物溝通師必備的功課。有的人以為練習靜心就可以做動物溝通，其實不然，練習靜心只是幫助人的大腦減少意識層的比重，與動物溝通還需要激活潛意識的方法。

激活潛意識，練習直覺力

練習「停下紛擾的念頭」，是運用「潛意識」的前提，還不是運用潛意識的關鍵。意思是，單純練習靜心是無法做動物溝通的，還要激活潛意識。要激活潛意識，首要是不讓腦袋停留在「紛擾的意識」，當心思不在紛擾的意識後，就要讓大腦前往高層潛意識的區域。假如前往的是低層潛意識，就是心理治療中精神分析的路徑，精神分析也需要先讓大腦減少在「意識層」的比重，所以會透過夢的解析、自由聯想等潛意識技術，協助一個人離開紛擾的意識層。諸多宗教與佛教經典裡都曾提及，當人能在禪定中或靜坐的過程（也就是靜心的過程），會擁有或發揮多種超越感官的知覺，這能力也被視為是人體自然的現象。意思是，當一個人足夠靜時，就可能得以擁有這類超越感官的知覺能力，這些超越現實的知覺感受也會隨著練習而變得更加敏銳。這些都需要透過「靜心=放下意識」方能開啟運用。

當一個人極靜專注時，內在智慧便油然而生。整個動物溝通的學習就是一種智慧的開啟，以「極靜生慧」四字來形容動物溝通的學習再適切不過了，只要常練習都可能學會。近年來，也有許多科學家邀請這群擁有高度靈性智慧者進行一些超感知覺的實驗，他們也發現這些高度靈性智慧者經常會在進行實驗前花一點時間靜下心，不論用哪種靜心的方式，他們都會需要點時間或空間寧靜下來。這也說明在運用超感官知覺的前一個階段，靜心是一種準備，就像在運動前我們都會做些暖身活動一樣。當做完暖身活動後，便會進入運用「高層潛意識」的狀態了。

所有離開紛擾的意識的方法與一般你知道的靜心方法很接近，但千萬要記得：**只是靜心（放下意識）與進行動物溝通是不同的，所以很多靜心者並不會運用動物溝通**。既然我們的目的是要「運用高層潛意識」，如何進入這種運用高層潛意識的狀態，就是動物溝通的關鍵。這個**關鍵就是「練習直覺力」**。練習直覺力就是練習不運用思考、全然的運用感受、感知與直覺。看到這裡，我要邀請你細細地花時間，仔細地感受，甚至重複地、重複地去體會這些形容詞彙與句子：「迎接、全然、投入、自然的感受、沒有主動、也沒有控制、單純的感受、無作為的、當下的、帶著耐心、輕鬆的、不需要出力的、信任的」「順著一切發生，完全不必用力」「一切就在發生，什麼都不用做」「一切自然就在發生，自然而然一切就在，只需要全然的感受、投入當下」「很輕、很自由，完全不用控制，讓感覺自然浮現」「一種『遇見』，而不是『找到』的狀態」。

這種心靈狀態正是上述科學家們所說的：神馳狀態、靈感、洞見、覺、直觀、直覺、美學、靈性修持、文思泉湧、藝術創作、深刻創見、科技突破、人格轉變的狀態。所有有關直覺力訓練的方式，都可以幫助我們練習這種狀態。此外，也有的歐美動物溝通學派是透過各種語言導引，協助一個人快速進入這種狀態，這些導引則是催眠運用[1]的一種。

潛意識的驗證方法與學說

要驗證這些「看不見的內在狀態」是不容易的。科學家們多是以儀器測量生理狀態的方式，進而推論進行靜心時，人類內在狀態當下的發生與變化。最廣為人知的就屬於大腦各部位司職不

1　催眠有很多種運用，本書作者開設的催眠班是一種「人文性深度療心」的催眠運用，非控制性或表演性的方向，而部分的歐美動物溝通師，也是從催眠領域中激活潛意識能力的。

同功能的研究發現了。在功能性核磁造影技術FMRI的進步下，腦科學家已完全確定不同的腦部位置掌管不同的內在功能，包括各種情緒、學習過程、創傷記憶、心理疾病等等，所有內在狀態在大腦中運作的部位各不相同。在科技的協助下，科學家們陸續對禪修者或相關的超感知覺能力者進行許多實驗與追蹤，發現無論東、西方的靜心（放下意識）效益都相當顯著，從生理、心理疾病到身體細胞活化，甚至幫助大腦的皮質層、注意力、記憶力、情緒、抗壓等等，都有不可思議的助益。

核磁造影下的大腦變化

在心理治療領域裡，近年盛行的正念治療（Mindfulness-Based Stress Reduction，MBSR）也是卡巴金（Jon Kabat-Zinn）透過佛教的靜心設計而成的治療模式；在認知治療第三波潮流中，也廣納了靜心禪修的治療策略。有太多的實證報告說明大腦功能與結構可透過靜心活動得到改變與發展，進而讓頭腦變得更有效率，激發更大的潛能，無論是專注力、直覺力，甚至心電感應力等。練習動物溝通的過程，本身就是一種靜心與右腦刺激的活動，理性思維的左腦較偏於思考性的判斷，如同意識層的功用；右腦則較屬於天賦的、創新能力的、冥想時的、圖像式的、感悟與經驗性的、藝術式的、充滿意境的、心曠神怡的部分。要進行動物溝通多會通過靜心冥想的步驟，靜心就是停止知性和理性的大腦皮質作用，而使自律神經呈現活絡狀態。動物溝通的時刻不是要意識消失，而是在清醒的狀態下，減少大腦意識層的活動，進而進入一種「忘我之境」的狀態，讓潛意識活動更加敏銳與活躍。現在已有太多的研究在探討這種狀態下的大腦，在FMRI顯影下的表現，有興趣的朋友也可以再深入探討。

腦電圖的腦波檢測

也有科學家透過腦電圖（electroenc ephalo gram, EEG）進行檢測，根據腦波的波率、波形、波幅、位相、數量、反應性、對稱性、規律性、出現方式、時間、位置分布等項目，將人類不同狀態時的腦波分為四型，分別為β（Beta）、α（Alpha）、θ（Theta）、δ（Delta）波，進而對各種狀態進行追蹤與研究。科學家的研究結果與上述有類似的結果，發現在睡眠、催眠、靜心冥想或一些超感知覺進行時，人類的腦波狀態與日常生活中「紛擾的意識層」的腦波狀態是截然不同的。

科學家發現，β波是意識層次時的腦波，也就是人類清醒時，運用邏輯思考、計算、推理、解決與規畫事物等智力的層次。α波是介於意識與潛意識之間的腦波狀態（中層潛意識），是當一個人身體放鬆、聽輕音樂、運用想像力、做白日夢，以及開放心胸感受當下一切時的狀態，這種α波狀態也被譽為大腦的最佳狀態，此時的大腦較擺脫日常的慣性思索與判斷，得以更多停留在覺察與感知當下的狀態。

θ波則是屬於潛意識層面的波，頻率在零點五到四赫茲（Hz）之間。這裡頭存有過往記憶、知覺與情緒，此層影響著我們日常的態度、期望、慾望，甚至是信念與行為，也是人類創造力、靈感與心靈覺知的來源。θ波也是人類睡眠階段中，REM快速動眼時期（作夢的階段）的腦波狀態。另外，當人處於極度專心狀態下，也可能讓腦波進入θ波的波型，在這狀態之下靈感與創意湧現，心理學提到的「心流」與「高峰經驗」以及在深度冥想、催眠等忘我之境時，就是處在這種腦波狀態。

最後的δ波則是人類腦部呈現最深層、沉潛的狀態，頻率在零點五到四赫茲（Hz）之間。在此狀態之下，人類有強烈的第六感與直覺湧現，也是佛家所說深層「入定」的階段。這些都是經由專注後，收攝紛擾之心，慢慢降低了意識層次的運作，讓知性與理性思考的大腦皮質作用受抑制而降低，進而讓原本無法用意志控制的自律神經與本能漸漸活化的過程。這些潛能或超感知覺能力多開始於α波段，主在θ波段呈現，少數者會進入δ波段狀態。

心靈智商SQ的提出

在心理學的領域裡，我們將「意識層」的功能：推理、理解、計畫、解決問題、抽象思維、表達意念、語言、學習等能力的大小，給予一個名稱為「智力」，其測量出的代表數據則稱為「智力商數」（Intelligenz Quotient），縮寫為IQ。雖然智力的定義與重要性和「超心理學」一樣有不同學者秉持不同意見，但多數人仍能接受IQ的代表性與涵義。在智力商數的創造之後，科學家也提出了「情緒商數」（Emotional Intelligence Quotient），縮寫為EI或EQ，以及「心靈智力商數」[2]（Spiritual Intelligence Quotient），縮寫為SQ。在麻省理工學院學習物理和哲學，並在哈佛大學攻讀哲學，宗教和心理學的丹娜・左哈（Danah Zohar）在其著作《SQ—心靈智商》（Spiritual Intelligence the Ultimate Intelligence）一書中表示，心靈智商（SQ）是一種人類的終極智力，包含人可能發展的一切最高峰的智能（即為高度潛意識），也是人生的尖

2　心靈智力商數也被稱為「心靈智能」或「靈性智商」，強調心靈為可以開發的智能，被視為是一種頓悟能力、直覺能力，說明人類除了思考、心理、情緒智力外，還有靈性智力的存在。而靈性智力的高低，也象徵著潛意識能力活躍程度或開發程度的智能高低。

峰體驗，它是一種內在深層的智慧發展，也可說是一種超越性的人類生命狀態。

各位一路從世界各地的古文明到現今的腦科學、生理科學，探索到整個心理科學各種理論與研究，你會發現無論從腦波圖、核磁共振，到人格結構、意識結構或古文明中去探索，都同樣發現人類天生擁有超感知覺的潛意識潛能，而這也是每個人都能夠去開發的能力。但猶如學舞的人有所謂的舞感、律動感，在音樂裡每個人也有各自的音感、節奏感與韻律感；同樣在學動物溝通時，我們每個人也有「靈性智力」的差異，也許有的人一下子就學會，有的人就是要稍微多一點時間練習，但這都是可以透過正確的方式練習而得的能力。

如果各位對於學習動物溝通的理論部分還有想了解的，更多有關於超感知覺能力 ESP 的心理學相關研究，都收錄在梅爾所著的《不可思議的直覺力——超感知覺檔案》一書中。整本書都在分享各國相關的研究整理與結果發現，雖無法完整地將其所有都收納其中，但已相當完整，中譯版也可讓華人朋友更好吸收上手。該書的譯者翻譯過許多心理治療、冥想與心靈相關的書籍，其翻文的準確度也很令人放心，有興趣的朋友可以參考選讀。

這世界的運行比我們大腦所想像的，還要更加精密與細微。我很喜歡科學領域裡的一個不成文的精神，就是科學家總期待著後世的人推翻或補充自己所提的理論，這正是科學的傳承與創新。也許有一天上述的理論可能被推翻或革新，也期待那一天的到來，相信那時會有更多能帶我們更理解動物溝通與這奇妙世界的發現。

十　直接溝通與間接溝通

最重要的差別就是靈性式的間接溝通會呼請「外靈」，科學性的直接溝通沒有呼請或連結任何「靈體」。

動物溝通的世界裡，有分成「直接溝通」與「間接溝通」兩種溝通方式。我會同時對兩種都熟悉，也是因為家庭背景的因素。我的父親是退休的高職數學老師，在退休前與母親就對傳統佛、道教很有興趣，也先後學習了紫薇斗數、易經占卜、姓名學與陽宅等傳統五術。因緣際會下，在十多年前意外成為了道教神明授權的法師，並開始為許多人「通靈辦事」，解決各種疑難雜症。

相對於父母，我自己在助人工作的路上則是全然投入於心理、催眠等科學性的領域，意外中漸漸通曉了「催眠性的動物溝通」及「心理派開啟超感知覺能力」的方式。也因為從小的耳濡目染，我對神明或各種宗教禁忌相當熟悉，也因此完全沒有碰觸「間接式的動物溝通」。兩者除了儀式上的不同，最重要的差別就是靈性式的間接溝通有呼請「外靈」，科學性的直接溝通方式沒有呼請或連結任何「靈體」。

關於直接溝通與間接溝通概念單純用文字描述可能有些抽象，底下我透過簡單的圖來向你清楚描述，兩者之間的差別，以及各自的利弊。

直接溝通（超感知覺ESP）

「直接溝通」的部分，**溝通師透過了「個人潛意識」直接與動物做連結**；也有部分的資訊不需連結到動物，而是人類本自俱足的。對於這個部分各位可搜尋關鍵詞《北大劉豐教授談四維空間》影片進行了解，透過影片我們可以簡要的理解到，何以不需連結到動物就可獲得相關資訊。關於這概念的理論稱為「宇宙全息論」，宇宙全息論說的正是：**人不需與外在連結，便可獲得諸多資訊的概念**。

另外，也有人認為這是連結到了「集體潛意識」而獲得了資訊，所以在圖中「個人潛意識」的左上有一個從「集體潛意識」得來的資訊途徑，代表著有部分資訊來自「非連結的途徑」。無論來自於「集體潛意識」還是循「宇宙全息」概念而獲得的資訊，「直接溝通」都不涉及連結或呼請「外靈」的部分，這也是「直接溝通」跟「間接溝通」最大的差異處。

間接溝通（通靈）

「間接溝通」的部分，一樣要先放下意識層次的比重，再經由

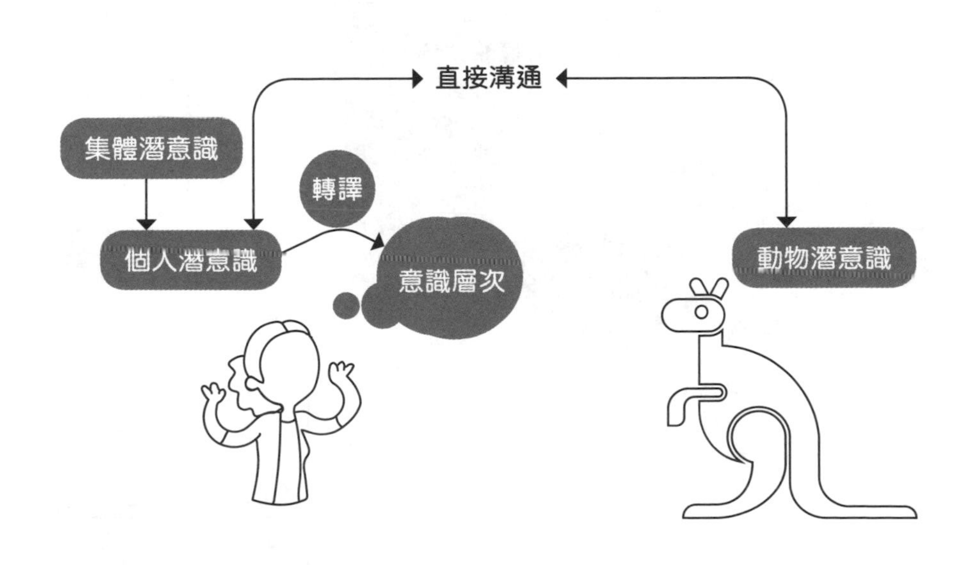

呼請外靈，進而與外靈連結。透過另一靈體的協助，幫助溝通者得以獲得更多的資訊以及篩選的能力。這就與多數的東、西方宗教儀式，經由靈體的協助獲得人或動物的資訊相同。如果溝通者對於宗教或任一靈性系統有真正的深入，非常清楚了解該文化儀式各階段的方式，包括呼請、辨識、防護、傳遞、接收、恭送、清理以及更重要的真正擁有該系統的呼請權限時，靈性的溝通便是一種很安全的進行方式。

不同文化系統對於呼請的靈有所不同，無論呼請的是上帝、佛、大地之母、高我、高靈、神、指導靈、梵、天使、菩薩、守護靈、動物靈、本靈、神性母親、萬物存有、碟仙、筆仙、萬有之靈或任何仙、佛，其實都是一種呼請。多數的人呼請外靈是帶著一種尊敬的心，這心意是很好的，但有些呼請者可能並沒有分辨來者是何人的能力，甚至很多並不自知自己沒有。就像如果今天心裡頭呼請的是「碟仙」，但來的靈未必是「仙」的道理是一樣的。

亞洲習俗中常說：「請神容易送神難」，也許很多人會抱持心念對了就沒問題，或是秉持著萬物的本源都是一樣的，我都完全同意，也認為擁有好的心念是非常好的信念。但世界極大，真的有很多時候不是我們單純抱持心念正確就沒問題的。這點還是要慎重的提醒各位

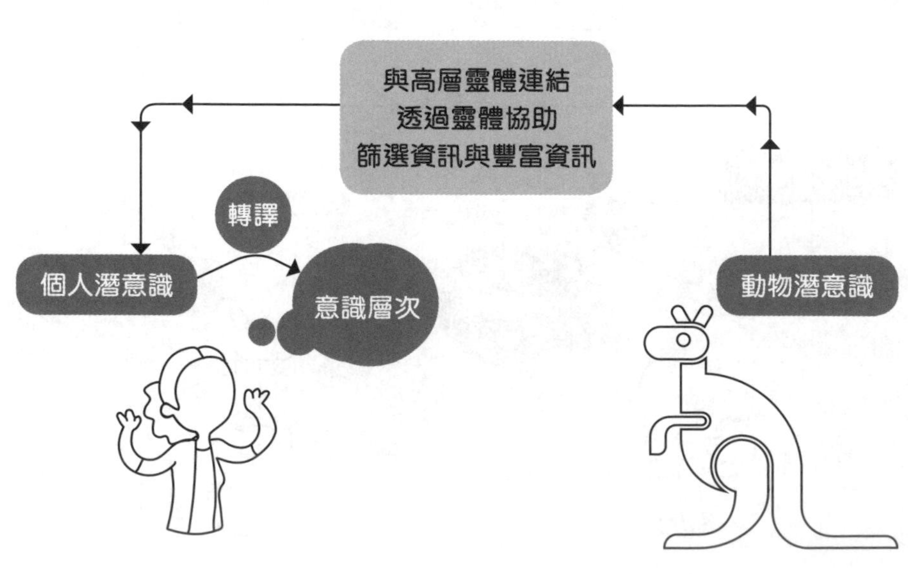

讀者。

初學者以直接溝通為優先

所以最早年我們在做動物溝通時，即使從小都在靈性世界長大，仍沒有做任何呼請，也不接觸任何靈性式動物溝通、也沒有做離世動物的溝通服務。只是單純運用直接溝通進行，所以整個過程也不用特別吃素、沐浴焚香或參入任何宗教行為。雖然我們抱持尊重這世界許多未知的規則、與不輕易冒犯的心念，但不代表靈性式溝通不好，任何溝通方式都是各有優點的。（後期我太太在宗教中亦領到神佛指令許可後，在必要時刻時，也會加入靈性溝通方式為動物送上加持或協助動物）。

所以真正深入接觸或學習完整之前，還是**強烈建議使用間接溝通（靈性溝通）盡量要小心謹慎**，因為從小接觸那麼多靈性的故事，深知這世界真的比想像的還不同，請各位讀者要學習時千萬要謹慎、再謹慎，不然就單純使用「直接的科學式」溝通就好。不求快速也不貪訊息量，其實多練習直覺訓練，獲得的資訊量自然也會日漸提高。

關於分辨外靈的方式共有四種大方向，但本書是以心理派的動物溝通為主，所以不節錄於此，只在長期共訓的訓練課程中提及。也藉此再次聲明與提醒：透過本書之方法，都是運用直接溝通的方式進行，非請神或靈性動物溝通，所以不需配合任何宗教儀式。若對於靈性動物溝通有興趣者，請務必深度了解所學內涵與其文化和禁忌，並必謹慎為之。

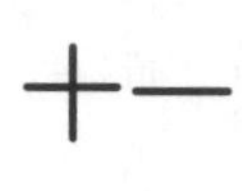

十一 動物溝通的訊息接收種類

人類有太多感知覺都是獨特的，即使是同一個刺激源，多少人接收，可能就有多少種感受。

一般來說我們有五種感官知覺，分別是視覺、聽覺、嗅覺、味覺、膚覺（體感）。動物溝通接受到的訊息也與這五種感受很相似，我們通常稱為：類視覺、類聽覺、類嗅覺、類味覺、類膚覺（體感）。會在前頭加一個「類」字，是因為這些感受跟一般的五感是不一樣的。

共同的感受與獨特性感覺

一般在經驗五種感官知覺的瞬間，通常在場其他人可以同時接收並感受到。譬如：有一個聲音忽然出現時，其他人會同時聽見這個聲音；有陣微風迎面拂來時，站一起的朋友會同時感受到這陣風。但是，人類有很多的感知覺是不一樣的。以情緒來說，也許某一個人曾經在台北一〇一大樓與另一半分手，日後每當看到一〇一大樓就不禁悲從中來，這種感受就是所謂「獨特性的感覺」；又譬如：也許某一首歌會讓你憶起某段時光，每次聽見這首歌時，心頭就有些過往的畫面或感受，這也是一種具獨特性的感覺；包括每個人看畫所勾起的感觸、觀賞藝術表演時的體會、一本書帶給一個人的省思，甚至是練習氣功、靜坐的獨特感受，或透過任何生活事件引發的創意、靈感。人類有太多感知覺都是獨特的，許多感受本來就不是每個人都相同。即使是**同一個刺激源**，**多少人接收，可能就有多少種感受**。

科學家對於這種**獨特性的感覺**的研究方式，就是透過測量生理狀態的回饋，來推論受試者是否正在經驗某些狀態。不只靜心、超感知覺或動物溝通也是用類似的研究方式，包括研究心理治療效用也是如此。除了透過前、後測得的數據來看差異外，也會透過生理回饋的機制來了解受試者當下是否有經驗或喚起某些情緒。相對觸發生理變化、腦波變化或各種分泌激素的濃度變化，所有研究具有獨特性的感知覺，包括心理治療、超感知覺、靜心冥想、頓悟、靈感等等，都是運用這種相關的研究方式。這是很重要的指標，代表一個人的領悟是具獨特性的、心理治療療效是具獨特性的、每個人對於藝術的體會是具獨特性的、一個人有靈感也是獨特的；所有靜心、氣功、各種超感知覺、動物溝通、個人第六感通通都與心理治療一樣是具獨特性的感受。也許別人感受不到，但當事人感受到某一「獨特性感知覺」，其生理的激素與狀態都會相對產生變化，這便是早已發現的實證科學了。

帶著獨特性的——超感知覺

當一群人看同一部電影、同一張照片，也許對你對這些畫面一點感覺都沒有，但無法說某人看了這片子，或這張照片就感動落淚是奇怪的，因為人類許多感受都具有獨特性的。動物溝通的訊息接受也是如此，正是因為各種超感知覺、瀕死經驗、催眠經驗、部分氣功師、瑜珈士的感覺，以及潛意識相關能力發揮的時候，和看一部片我們哭得唏哩嘩啦，旁邊男友與現場其他人可能無法感受的狀況一樣，所以常讓人難以理解。這種帶著獨特性的感知力就像一種預感、靈感、莫名的情緒湧現、未知的幻聽、幻視覺、體感、各種直覺，或各種空間感與心理感，這些一般五感以外的感知覺，也有人稱為第六種感知覺、直覺。

動物溝通訊息就隸屬在人類這種超感知覺的範圍裡，所以每個溝通師接受到的動物溝通訊息方式也都具獨特性。每個人可能不太一樣，有人對類聽覺特別敏感，有的人是視覺，也有的人是對情緒特別敏銳。唯一相同是，**所有動物溝通師在接收或傳遞訊息時，大腦和生理狀態與一般狀態有所不同**，動物溝通師自己也完全能察覺到這種不同的狀態。這種狀態多數像是小孩子做超感知覺的科學研究前，需要先靜心或經由一連串的標準化導引一樣，要先進入一種放鬆、類似冥想的狀態裡，才能執行相關的研究任務。

所以多數的溝通師比較無法做現場的溝通，因為多數溝通師會需要一個安靜的時間與地點，先讓自己靜下來，再進入「溝通的狀態」。不過每個人的心靈智商（SQ）都不一樣，也有不少溝通師是從小就有的天生直覺力，或是自然而然的練習，達到能在現場溝通的能力，所以你在學習的過程不必急著練習現場溝通，先從靜心慢慢地練起，打好基礎後，後面接收到的訊息也會更完整。

同理中立，才是溝通之鑰

多數來說，動物溝通師會**接收到的訊息有以下五種**：情緒感覺、身體感覺、聲音聽覺、圖像視覺、味道或嗅覺。這五種方式沒有好壞或優劣之分，有的溝通師專注於一種，有的溝通師是多種綜合的能力。

按照經驗來說，練習接受資訊後的初期會有某一種能力特別明顯，隨著經驗與練習的次數增加，開始慢慢得以開啟更多其他方面的超感官知覺能力，進而綜合多項能力。不過，仍要提醒各位，能力的多寡並不是一名溝通師優劣的差別，「準確度」以及如何在獲得正確資訊後，透過與飼主會談的過程「促進飼寵關係」或幫助「飼主、寵物度過困難」，才是一名溝通師真正要關注的方向。

多數練習者一開始接收到的是情緒感覺的資訊，也有部分的人對於身體感覺是敏銳的。另外，部分的人會透過詢問「內在聲音」的方式，進行聽覺的動物溝通。關於內在聲音的練習方式，第三章有提到，**內在聲音也是一種直覺力訓練，是快速學習動物溝通的其中一種方式**，是在自然放鬆而醒覺的狀態下，關注內在直覺出現的聲音，透過一問一答的方式進行。這種方式好處是比較好上手，可以學得很快，因為是透過一問一答的方式，提問時是意識層次很習慣的「主動狀態」，與一般先靜下心，進入全然不主動、不控制的「被動」的感覺模式比較不同，這是兩者差異的核心原因。

凡事有利也有弊，內在聲音的練習方式雖然學得快，也很容易可以做到現場溝通，但部分專門透過內在聲音進行動物溝通的溝通師，可能會少了一些圖像視覺或其他的能力，也比較無法體會到練習動物溝通時內在的安穩與安定；而其中的體會與領悟，卻恰恰是後面與飼主會談時，安穩對方很重要的關鍵。

在心理治療或心靈療癒裡有一句經典的名言：**「當我們自己走多深，才能帶當事人走多深。」**走多深的意思是指一個協助者，只有自己在生活中深深的體會並走出了生命的制約或枷鎖，無論是在各種情緒或困境上，才可能有能力能陪伴飼主走過那些困境。譬如：一個強烈需要被尊重、被人認同或喜歡的溝通師，極有可能需要在會談中或飼主身上得到這些認同，而失去中立或感受飼主立場的機會；又或是過度害怕犯錯、過度正義而僵化的溝通師，在會談中很可能不慎就會出現防衛、教導或責備等等。對於一名溝通師來說，準確度是最重要的基本，要促進一場良好的溝通則需要動物溝通師慢慢去體會、看見、去學習。

放下疑惑尋回寧靜，才能進入溝通

如果能在訓練的過程中**學習穩扎穩打的靜心**，能夠在心靜的過程中**體會到自己的生命狀態**，在未來與飼主會談的時候，也才能**給出較好的會談品質**。能夠不那麼在自己的需求中打轉，能真正傾聽出飼主的需求，同理感受到飼主或動物的困難，在良好的關係下促進動物與飼主的互動，也讓彼此生命有所不同，我認為這正是動物溝通真正的價值。

無論是練習內在聲音，還是其他靜心之後的直覺訓練，初期接受到各種資訊時，內心都會出現非常多的懷疑或疑惑。有時候內在聲音聽起來常常是「自己說話時的聲音。」一問一答時，回答你的聲音有些就像是自己在說話一樣；有些是動物的聲音（但你內心聽見，會自動轉譯成你懂的語言）；有些則是像小孩子說話的聲音。在內在聲音的方式裡，如果是動物或像小孩子的還好判別，偏偏多數是像自己說話的聲音，所以當接收到資訊時，很可能會質疑會不會根本只是自己在亂想？真的就是我聽見的這樣嗎？

初期接受到的各種資訊時，所有人的內心都會出現非常多的懷疑或疑惑，當我們疑惑、質疑時，就是回到了意識層次。此刻的我們，無需做任何事情，只需要記錄、記錄、再記錄，詳實的記錄下所有你覺得奇怪的、疑惑的、未知的感受，把所有一切通通記錄下來。如果可以，歡迎你同時記錄或標記出當下此時刻此的感受與狀態，然後繼續的回到本來的寧靜。事後，將所有資訊透過核對來進行了解，一切的質疑都交給核對。

在練習過程中，再多的疑惑都沒有任何幫助，只要**安心地回到內在的寧靜就好，將一切資訊用最直接的驗證去核對即可**。透過核對，你將會真實的相信動物溝通的存在，也會一點一滴的對自己愈來愈信任，包括對自己的信心、自信等等，都會在學習的過程中一點一滴的進步。核對的過程不用擔心錯誤，錯誤是必然會有的。當你開始發覺自己接收到錯誤資訊，表示你的練習，已經比別人走了更長的路，練習的比別人更多，也表示你距離成功愈來愈近了。你只需要持續保持你的放鬆與迎接，其他都交給眼見為憑的核對吧。

互動之後，好好道別、好好祝福彼此

當你開始後面章節的練習時，你可能對於某一、兩種超感知覺特別有感覺，無論是哪一種都很好，就算是身體的感覺也不要緊，我們所接收到的任何資訊都是一種感覺，當我們愈去注意這些感覺時，腦內或身體就會不斷的回溫。譬如練習時你聽見動物聽到的音樂，假如心頭掛著這首音樂，可能三、四天中都會一直迴盪在你的腦海裡，身體的感覺或情緒也是。但這些都不是你的感覺，只是你感受的能力增強，你開始能體會到別的動物的感受而已，這些永遠都不會變成你的感受，除非你不斷的在腦中「溫習」。

每一次結束與動物的互動，就深深地與動物道別。如果覺得疲倦，就好好睡一覺，如果覺得身體僵硬，就透過熱的方式讓身體循環，可以用吹風機、穴道按摩、洗熱水澡、氣功、跑步運動、曬太陽……各種能夠促進熱能循環的方式都有助於舒緩身體的堵塞感，也可以用溫熱性的食物與溫水促進身體循環。

如果你覺得有需要，也可以依循自己的宗教信仰，用喜愛的信仰方式進行心靈的安頓與淨化。你可以禱告、也可以想像愛或各種祝福，也可以持誦任何的經典轉送給自己或任何動物，你也可以用各種系統的冥想來送光或祝福過去，這是另一種層次的清理與淨化。最後，當然你也可以調整你的環境，點上精油、薰香或一首輕音樂，讓自己的心好好安頓下來，或是透過書寫或各種照顧心理情緒的方式來呵護自己的心理層次。

十二 學習順序，接收訊息與傳遞訊息

有些人說接收訊息比較難，先練習傳遞訊息較好，也有人認為傳遞訊息反而是比較困難的，這兩個角度其實都對。

從研究的角度來看，當一名受試者經過了激發潛意識的標準化儀式後，產生了「屏幕效應」得以接收圖像或其他相關訊息的超感官知覺能力，這種能力通常是受試者首先開啟的能力；在不斷練習之下，部分受試者便可以從接受訊息，進展到「傳遞訊息」。

先接受訊息，才有傳遞的根據

在科學領域中，每個名詞都要能被測量且明確定義，這裡傳遞訊息因為需要被檢驗，所以主動發出訊號的過程，更規範在受試者聽從實驗要求後，遵照實驗要求的方式，去改變物件的形狀。這個傳遞訊息的過程我們稱之為「念力」。因為物件是可以被檢驗的，生物可能受其他因素影響，為了排除其他因素干擾，所以選用沒有生命的物體來傳遞訊息，當受試者將物件折成規定的形狀時，就能表示這不是隨意的變化，而是有目的的改變，而得以證明是真正傳遞出念力。從研究的歷程中我們發現，一個人是先學會擁有超感官知覺的能力，而後才有念力。在研究的角度來說，念力是需要更集中的專注力才可能發生，所以是先接受訊息，然後才會用念力傳遞訊息。但從另外的角度看，剛好就相反了。

從傳遞上手，也能逐步增加信心

另一種說法認為傳遞比較容易，建議動物溝通學習者先練習傳遞資訊，再去確認訊息接受。這方式也是很好的，一方面是抱持全然相信「我們任何一個起心動念，便產生了電波或相關的能量，而這些震動與波在自然的過程中，便已傳遞出去」的概念。這種概念之下，認證本來就不是最重要的事，更重要的是心念、心意和信心。因為傳遞訊息給動物，我們並無法知道動物是否接到，可是如果是接收資訊，很多時候就是一翻兩瞪眼，資訊對或錯就是很清楚的事。所以在初期練習時，有些人會建議先從「無法被確認」的傳遞訊息開始，而後再練習接收並確認資訊，一步一步增加信心。

兩種方式都是可以的，不過更重要的是直覺力與靜心這兩種訓練。在正確的進入了動物溝通的狀態時，意識層本來比重就會降低，思考、思緒都會減少，整個人處在潛意識裡，這時候的我們比較少思索成分，甚至不會去思考「我現在這樣對不對？」老實說，當我們在思考的時候，就已經不是在潛意識的狀態了。當你進入動物溝通的「感覺狀態」時，自然就不存在那麼多擔心或沒有信心的感覺，很自然的活在當下，活在感受當下所有的經驗裡，那就是動物溝通了。

傳遞訊息的四個步驟

如果你想要從傳遞訊息開始練習起的話，可以參考下列方式進行：

一、靜下心來，直接用說的

請你找一個能夠讓你專心下來，能夠全心投入在跟動物互動的時間還有空間裡。用你平常的方式，專注的告訴動物你想跟他說的事。很重要的是要專心、心無旁騖的重複傳遞出去，閉上眼睛慢慢的複述十次，同時細細的感受並觀察你或動物的狀態。

二、將文字用想的傳遞出去

同樣找一個能夠**專心**、**心無旁騖**的時間與空間。請你將想要說的話，寫成文字，在心底深深地向動物表達，想像那些話彷彿在空中傳遞過去，請你重複地、慢慢地閉眼傳遞十次心意，同時細細的感受並觀察你自己或動物的狀態。

三、用想的將感覺傳遞出去

同上述般，找到一段得以靜下心的時間與空間，全心投入的感受自己想要傳遞的話語，裡頭帶著的情感與感覺，先花一點時間讓自己浸泡在這股感受裡。而後將想要說的話、心意與感受，從心底深深表達出去，想像彷彿一點一滴的傳遞過去，請一樣重複地、慢慢地傳出十次，同時細細地感受並觀察自己或動物的狀態。

四、將情緒與話，轉化成畫面傳遞

首先也要安排一個得以專注、心靜的地方。這一次不僅要請你在心底將想要說的話與情緒準備好，更要邀請你把準備好的情緒與話，加上想像的一個畫面。這個畫面可以是與「你想要傳遞的資訊」有關的實際場景，也可以是足以代表「你想要傳遞的資訊」的畫面，或是就單純想像牠喜歡吃的物品、玩具或喜歡去的地方。當確定想要傳遞的情緒與畫面後，請你閉上眼睛，深深地想像這個畫面越過你們之間，傳遞到動物那裡。如此重複地、慢慢地傳出十次，並想像牠也看著你的畫面。同時，細細地感受並觀察自己或動物的狀態。

如果過程中你依稀感受到任何本來沒預期的情緒、畫面或感受，甚至也許你的同伴動物有些回應時，繼續感受這些感覺，不必太過在意或訝異，你也可以繼續感受或再次傳遞你的心意。第一次練習，全然投入，沒有特別預期的時候，這種練習常常會讓動物有所反應，好像真的接受到我們的心意一樣。也很多人回饋，如果我們很想要創造些什麼，或帶著很有目的性的強烈期待去做時，好像又沒有任何反應了，這關鍵就在於是不是真的「投入」，是否真的全然、心無旁騖，不是心思飄移到「等待成果」或其他上面，請記得潛意識的感受**是一種「遇見」，不是特意能「找到」**的。無意間的練習，特別有效果呦！

第二章

動物溝通的學習關鍵與提醒

練習之前

當有一天你不想學動物溝通時，忽然之間，你就學會動物溝通了。

在進入練習前，要先介紹一些學習動物溝通的關鍵要素給你。並且給各位一些小建議，幫助大家了解動物溝通在練習時會遇上的種種問題，在練習前有個明確的心理準備，找到正確的方向前進。

每一次的錯誤，就是一次學習

在這裡也要先跟各位建立一個很重要的觀念「錯愈多，學得愈快」。請你累積你的錯誤量，當你累積到一定程度時，你的正確量也同樣累積起來了，所以放膽去犯錯吧！錯得愈多，距離學會就愈近了，愈自由愈不怕犯錯，你將學得愈快。

也請記得學習的過程自然就好，若帶有太多期待，可能會使你過度心急而無法全然投入。我在課堂中常說：「當有一天你不想學動物溝通時，忽然之間，你就學會動物溝通了。」因為當我們沒有很重的期待時，少了焦慮、心急的念頭，也少了種種壓力與情緒，少了這些干擾因素，更能讓你全然地投入「感覺模式」裡，也就更容易與動物溝通了。

此外，過程中你可能經歷的課題，如果用文字方式較難以理解，你需要更清楚的資訊，可以搜尋「寵物溝通自學——台灣動物溝通關懷協會」，協會有推出免費線上視頻，希望能讓你更清楚、了解練習中會遇見的困難，以及不同階段可能的解決方式。另外，也有永久長期的共訓課程，歡迎你一同參與練習。

練習溝通，先從陌生的動物開始

信心建立是非常重要的一環，客觀的驗證，能使學員在學習路上更確定自己的資訊、對自己的溝通充滿信心。

很多想學習動物溝通的朋友，都想知道家裡寶的貝在想什麼，甚至想在必要時，早一步知道動物的生理跟心理狀況，做好更多準備與照顧。當你學會了動物溝通，這當然有可能。然而對初學者而言，最好先不要跟自己家裡的動物聊天。

為什麼不找自己的同伴動物練習？

最主要的原因，**就是因為你太熟悉自己家裡的動物了。**

照理來說，當我們深切地想跟動物傳遞心裡話時，動物可能接受得到我們的資訊。然而，接收到指令後是不是有回應，又是另一回事了。就像跟人溝通，就算我們每天跟孩子耳提面命地說：「沒到假日不能玩手機，每天回家要先做完功課，然後洗手吃飯完，去預習功課，結束再去練鋼琴，最後準時洗澡準備睡覺去。」但孩子做不做得到、願不願意做，又是另一回事了。

對於更具原始性的動物來說，「知道」跟「做到」之間有更大的差距。但我們只能等動物真的「做到」的時候，才能回頭推論前面的溝通是否成功。更多時候面臨的是「接受到但不願意做」或是「恰巧作出正確反應」的部分，這都是難以驗證的。所以，包括我自己都難以全然相信，也無法直接告訴你「只要用心跟動物溝通，動物全都接收得到。」畢竟是否成功溝通，還是要有些客觀的驗證才行。當然，不斷運用上一章節的傳遞技巧與心意，多試一點，我相信總會成功幾次。運用上一章節的傳遞技巧也可以練習到重要的「專注」技術，這對於動物溝通來說，依舊是很棒的練習。但要確定是否成功地進行溝通，還是需要驗證才行。

所以站在練習的角度，建議不要找自己的同伴動物練習。

難以客觀驗證資訊

因為是自家的動物，所得的資訊多是自己早就知道，或是雖然沒發現，但潛意識裡已儲存的回憶，這些內容是**無法被客觀驗證的**。

潛意識與經驗會干擾你

因為太熟悉的關係，過去的經驗都會成為潛意識的素材，在你運用潛意識時自然出現，你將無法判斷到底是自己的潛意識回憶，還是動物溝通後得到的資訊。加上，對於環境也太過熟悉，在各種資訊都可能重疊的情況下，對於需要建立信心的初學者而言，既無法透過驗證產生信心，也因為太多混淆的感受，反而增加自我懷疑的可能或想法，降低對直覺的信賴。

無法驗證，就無法提升信心

因為所得資訊無法被客觀驗證，使得學習者無法透過驗證提升對溝通的自信心。但這份自信心是非常重要的，學習動物溝通中最重要的部分之一，就是學習開啟直覺力。開啟直覺力的訓練，信心建立便是非常重要的一環，而這份自信心就是**透過來回驗證，才能一點一滴地堅定起來。**

驗證能夠助你找到正確狀態

驗證的結果是促進學習成功最重要的環節，透過每一次驗證，學習者能夠回頭去感受，那些獲得正確資訊時，當下的身心狀態為何；獲得錯誤資訊時，自己當下的狀態又如何？回顧自己的狀態對於學習動物溝通來說非常重要，因為了解自己獲得正確資訊時的狀態，可以幫助學員確認自己是否處於高層潛意識中，進而肯定自己接收到的資訊。甚至在未來，透過這樣的確認，即使飼主可能忘記給予相關資訊，你也可以確定你接收到的訊息正確性。太多時候是飼主會忘記，過一陣子回想起才回覆「真有此事」這都需要透過驗證的過程才能深刻體會。

考量這些緣故，歐美的溝通師培訓體系，多數將與同伴動物的練習放在高階課程中。不過台灣有不少課程會將與同伴動物的練習放在最初階。部分放在初階的課程是期待能讓學員更容易感受到情緒，或接收到一些訊息，但這些訊息是否是自己平常的意識經驗，或是因回憶而憶起的經驗，還是自己內在的投射素材，這些都是初學者難以分辨的。

與陌生動物進行溝通的好處

一開始就與完全不熟悉的動物進行溝通，直接透過考核驗證來學習時，對於學員可能存在必然的焦慮與擔心。但這樣的學習方式比較中立、客觀，除了能使學員在學習的路上更確定自己的資訊、對自己的溝通充滿信心，在未來的路上也能以更客觀的態度面對問題。

台灣動物溝通關懷協會認證的培訓課程中，第二天的課程就是直接與完全不熟悉的動物進行溝通，現場學員都只得到動物的名字、一張照片，還有完全不認識的飼主的名字，就在其他資訊全無的情況下進行溝通，大約半小時後再現場直接與飼主通話，公開核對所有資訊。過往的經驗，每一場次全班的共同資訊大約都能達到八成左右的準確度。初學的你，建議先照著後面章節的步驟，進行各種練習，當心愈來愈穩定時，可以先找不熟悉或完全陌生的動物進行溝通，再跟飼主做客觀比對。

二　讓心安靜，學習細膩的覺知

學習動物溝通是一場寧靜運動，也是一場很深的自我覺察練習。

讓心寧靜下來聽起來很簡單，但並不代表很容易達成。動物溝通進行時需要高度的專注與內在的安靜，當內在安靜下來，才有敏銳的感受與細膩的覺察。細膩的覺知需要學習者的心慢下來，是一種全然投入、深度覺知內在的過程，這要比一般思索時更慢、更投入。相對一般我們習慣的狀態來說，是截然不同的感官狀態，我們習慣思索的狀態，無論思索未來、過去還是一切，這不知不覺的自動化思索非常頑強且吸引人，當你想要靜下來時會發現，人可能寧願選擇刺激性的感覺或思索，也不願意處在寧靜、祥和，但無刺激性的平靜狀態，這就是有人說「人寧願選擇痛苦，也不願意平靜」的道理。

下定決心，給自己安靜的時間

其實我們每個人都有慢下來的時候，只是自己沒有發現而已。很多人說自己的思考從未停止過，其實不是的。人的思緒之間必然存在空白。那個空白早已存在，只是我們比較會注意到的是空白結束後，立刻出現的思緒。學習感受動物的感覺，靠的就是細膩的心，動物溝通的資訊，就存在那空白裡。當我們慢慢地去體會稍縱即逝的空白時，那份乾淨、無思的空白時間就會愈來愈清晰，我們就可以在念與念之間的空白中，感受到動物的資訊。但在大腦已慣性尋求各種感覺刺激的狀態下，要去尋找空白是不容易，這也是學習動物溝通**第一個最重要的關鍵：決心**。

每一次練習之前都不容易，因為會需要一個私密空間與空出一段時間。要決定把內心空下來一段時間其實是令人掙扎的，這可能會讓你感覺到很沒有意義、浪費時間，可能會覺得無聊，甚至覺得自己很沒有用。於是，心就變得更急，急著想要趕快學會、立刻有感覺，或是能馬上回到過去成功的狀態。偏偏，就是需要把心空下來，才能體會得到那樣的狀態。

想要找到這份空白，最重要就是不要跟著明顯的念頭前去。學習動物溝通就像學習如何從一道湍急的思考洪流中抽身，彷彿脫身急流而輕鬆地坐在岸邊，這也是何以學習動物溝通，很可能幫助情緒也漸漸穩定，甚至能夠讓人內心安穩的原因。而這些都需要你的決心。

學習動物溝通練的，就是在每一次要練習前「練習下定決心」。下定決心要空下一個時間，開始好好地練習。

三　克服疲倦，給自己一個最佳狀態

身心狀態的調整是溝通前很重要的準備，排除疲勞才能投入動物溝通時的「感覺模式」。

當你帶著真心想要為了動物發聲，願意下定決心後，你需要的就是練習了。正確的練習也很重要，如果一直往錯誤的方向努力，可能反而愈走愈遠。練習動物溝通有非常多種方式，在下一章節會一一分享給你。

練習是最重要的，但練習也是最困難的，困難的不是練習本身，困難的是如何克服疲倦的感覺。

身、心的疲倦都會影響你的溝通

疲倦有時是身體的疲勞，有時是心理的，不同的疲憊要用不同的方式紓解。不論是資深溝通師還是正處於練習階段的學習者，身心狀態的調整都是溝通前很重要的準備。

〈亞洲區動物溝通專業倫理守則〉第五條的內文中也有提到「動物溝通師應充實專業知識、增進溝通準確性，且對自身身心狀態保有自我覺察之能力，並適當接收心理、溝通訓練等相關知能，以提升飼主與動物間的溝通關係與服務品質。」由此可見，身心狀態的調整是學習動物溝通很重要的關鍵。當身體很疲勞時，很難把自己的心慢下來，因為動物溝通是一種向內在感受的過程，是透過感受自己的各種覺知來進行溝通，如果身體很疲憊時，調整的過程就會特別感受到自己身體的疲憊，心理的疲倦也都會在當下一一呈現。所以，練習動物溝通其中一個關鍵就是要有飽足的精神。疲憊將會直接影響動物溝通的練習與進行。

相同的，內心的疲倦也會影響動物溝通的練習與進行。在心理學裡，人的情緒被心理科學家定義為潛意識的素材。當一個人內在情緒太多、太疲憊時，其實很難平靜下來。當我們內在感到情緒滿溢時，要先讓內在滿溢的情緒釋放出來，才可能慢慢地回穩。在第三章會提到的「釋放與淨化情緒」就是幫助內在安穩的方式，讓練習者得以慢慢安穩地進入空白，進入動物溝通的感覺模式裡。

另外，還有一種疲憊更需要藉由動物溝通的練習來幫助復原，假如屬於用腦過度的疲憊，你會發現透過睡覺或情緒釋放都無濟於事時，那種疲憊需要的就是停下大腦，停下繁雜的思緒，練習動物溝通就是練習停下大腦的過程，練習停下思考的腳步，停下思緒的洪流，回到單純的狀態，不去思索明天、下一秒，或是昨日的種種；沒有要完成任何事情，就是好好地停在那裡。這樣的過程正是幫助常運用大腦思考的人，可以好好真正「休息」的方式。

全心投入，進入無為而為的狀態

請記得不要將「練習動物溝通」視為一項工作或待辦事項。生活中我們會將大多事情都視為一項項待辦事項，多數的時間我們處於忙碌，並以完成目標、達到結果、要求效率的狀態生活著。在動物溝通的世界裡剛好相反，是**學習赤子之心，學習停下片刻，停下急馳的心思與步伐**。這是一種「無為而為」的狀態，無為而為就是停下所有內、外在的「作為」。當我們處在「無為」的狀態時，只是單純地去感受當下，單純地感受就是唯一的作為，我們唯一做的，就是不特別做什麼，只是去細細地體會本就存有的空白、還有隨之出現的一切感受。只是感受一切的發生，沒有要做什麼，也沒有主動想改變什麼。這一種靜下自己，停下來全然投入在感受的狀態，就是進行動物溝通時的「感覺模式」。

在感覺模式裡，跟日常生活的狀態真的不太一樣。無論是劍道、茶道、磨墨、作畫、藝術、烹飪、心理治療、身心靈、宗教、武術、瑜珈等，各種專業走到極致時，都是同樣的「靜」與「全然投入」。

這種「感覺模式」也正是練氣功者所説的「氣功態」，所以像禪密氣功或一些氣功法門也會提到修練者可能在學習過程中，得到一些特殊的感知能力，這指的就是動物溝通的能力，只是氣功的注意力是全然在身體氣脈的運行上，動物溝通是全然在感知動物的訊息，這些都是人類既有的能力。動物溝通的資訊就像身體的氣一樣，**氣與資訊早已存在，但都需要細細地感受**，各種宗教修行者與瑜珈士都在朝著同一種身心狀態練習。猶如所謂「萬法歸宗」，所有的路走到最後其實都走向同一種生命狀態，這正是動物溝通要練習的狀態。

透過時間淬鍊，讓溝通更上手

無論是單純想要學習動物溝通，還是想讓自己大腦好好休息、放鬆，或是想要打破舊習慣，想透過練習體驗一種特殊身心境界，減少壓力或痛苦等，都是開始學習動物溝通很好的初衷。當我們開始練習時，難免會帶著期待的心，但如果一直處在急切想要學會，或很想趕快得到時，我們的念頭、判斷與心思比較可能停留在意識層，使得我們失去了心無旁騖的專注，更無法全然投入當下，這樣的狀態恰恰與動物溝通需要的感覺狀態相反。這可能使我們漸漸產生懷疑與動搖，懷疑自己是否做對了，懷疑這樣做到底有沒有幫助等等。當我們在思考這些的時候，其實就已回到意識層，也不是動物溝通的狀態了。

這也是身處在網路快速世代之下的我們不容易的地方。因為，從小到大我們的學習都是朝向效率與短時間解決問題的方向前進，在這文化背景之下，人自然會期待快速上手任何一項事物，這也使得各種需要長時間學習的傳統技藝、技術與能力漸漸變得乏人問津。然而，偏偏許多技術與專業都需要時間的淬鍊。就像要成為鋼琴家，得先學習每個琴鍵的單音位置、樂理、懂得看樂譜、慢慢調整身體與手的姿勢，熟悉每個琴鍵之間的關聯，然後慢慢開始彈奏簡單的曲子，進而背誦樂譜，直到彈奏一首優美的曲目，然後一首一首，從模仿到創造，從刻意學習到自然而然譜出生命之曲。要成為運動員、要學一套語言、想學好一門學問，還是想要在某一種領域小有成就，都需要重複的練習，直到感動人心。任何的學習都無法一蹴可幾，如果有任何學問或課程標榜著立即學會，那就不是專業，而只是常識而已。

當然，學習的過程總會期待能進步，而且進步也能讓學習者更繼續向前邁進。不過，在學習動物溝通時，內心的懷疑、不安都會干擾你的專注與投入。畢竟，動物溝通需要的就是全然處在感覺的狀態裡，放下期待，順著感覺，**不僅是每一次的決心，也需要你的耐心。耐心地迎接當下所有的感覺，靜下心，就沉浸在自然、舒服的感受，細細地體會停下腳步的自然而然**，不疾不徐、全然地投入。有耐心的你，必能學會動物溝通的。

四 用赤子之心連接動物溝通的感覺

動物溝通的關鍵一個是直覺練習，一個是靜心練習，也就是回到赤子之心。

動物溝通的「感覺模式」與我們從小在物質世界裡學習到的：快速、效率、結果、成就等等特質截然不同。動物溝通與各種走向極致專業所需要的特質，恰恰與我們日常學習的相反，是慢速、是無為、是自然感受、不求效率、順應自然。這也正是何以有人說：「動物溝通是難學易精的學問。」因為，裡頭的精髓與日常的步調真的很不一樣，這也是動物溝通難以被理解的原因。

維持正念，放下憂鬱情緒

一般的意識層思維難以全然體會潛意識層的感受與可能，兩者身、心理狀態也都不一樣，所以要踏入動物溝通的感覺模式一開始是很不容易的，但一旦突破之後，後面就再也忘不了了。這種感覺就像騎腳踏車一樣，一開始要騎上去是不容易的，要慢慢地練習抓平衡感，但當學會以後，即使很久沒騎，只要稍微練習便能騎上去。腳踏車練的是平衡感，動物溝通練的則是感覺模式。

有些心靈智商（SQ）較高的人，的確是比較容易上手，就像有人平衡感比較好，學腳踏車會學得比較快一樣。每個人都有學會騎腳踏車的能力，任何人也都能透過練習學會動物溝通。無論是自學，還是讓老師或父母帶領你練習都可以。要學得扎實或學到更深的技術也可以參加相關課程，但無論如何學習都需要練習，動物溝通需要練習的就是一顆乾淨的赤子之心。

心理學家透過歸納發現人有四大情緒，喜悅、憤怒、悲傷、恐懼。其中悲傷來自於失落，一個人想要的得不到、當擁有的失去了，都會讓人失落；憤怒來自於權力的受損，我應該可以得到，但卻沒有。譬如：對方身為我的男朋友，但卻沒有好好照顧我。任何我們應該可以得到，對方卻沒有付出的情況，都會讓人感到憤怒；恐懼則是來自於未知，未來也好或是任何未知都可能讓人產生恐懼。

正常的情況下，我們都會有這些情緒，甚至從這些情緒還會延伸更多細膩的情緒。倘若一個人讓自己長期浸淫在這些情緒中，整個人很可能會憂鬱起來。一些心理學家發現，當仔細地去感受這些情緒時，會發覺多數狀況都是腦袋想像而生的，不是前一秒發生的事情，就是之後還沒發生的恐懼。

不同的人對同樣的事件，也有不同的情緒與強度，原來情緒是很主觀、很個人的，這也讓許多的心理治療師發現，原來這些情緒幾乎都不是真實的。所以我們透過反思、透過「正念」的運用，幫助憂鬱的人離開負面情緒，穩定心情。「正念」指的不是正確、正向的意思，而是處在當下，讓心思不墜於思緒的洪流，正是動物溝通的其中一個關鍵：乾淨的心、停下紛擾的心、靜下的心，赤子之心。

練習回到慢活的生命狀態

赤子之心，就是練習慢慢去感受當下，練習一種慢活的生命狀態。赤子之心需要你學著在生活中放輕鬆，就像前面說的停下來。停下來什麼也不做，也許就只是安穩地坐著，覺知自己、覺知這世界正在發生的一切；也許是呼吸；也許是感受風吹著身體的感覺；也許是體會口水香嘸帶來的感受；也許就只是感覺身體各個部位現在的狀態。

那一刻，你什麼也不做，只是全然地接受此時此刻發生的一切而已，沒有要嘗試改變什麼，甚至慢慢地也不太理睬什麼。**一種全然的被動，沒有主動也沒有控制，沒有預計**即將發生什麼，所有的感受都**不是去找到、也不是創造，而是一種遇見，偶然的相遇**。在這狀態中的我們，接受一切的發生，順著一切自然的發生，是一種自願的乾淨，讓這一刻原原本本、乾乾淨淨的如實存在，我們就像嬰兒般單純的感受正在發生的一切，找回那份像嬰兒一樣的赤子之心。

很多工作都需要赤子之心，尤其是需要直覺、潛意識的工作，譬如：畫家、自由工作者、創意發想人、文學家、音樂家、文創工作者、攝影師等等。假如你是一個常常有與眾不同思維的人，看事情的角度常與多數人不同，學習動物溝通可能會比起一般人更快些。

換句話說，一個比較常運用潛意識的人，或是有接觸靜心相關的人，都可能更快的對動物溝通上手。還記得第一章的前言提到非洲地區是怎麼教動物溝通的嗎？回到最乾淨的你自己，回到最乾淨的時刻，回到沒有那麼多「應該」「必須」「一定要」的自由自在時，你的注意力相對就比較不在思考層面上，甚至當一個人的注意力也不在想要促成什麼事情發生，而能全然投注在感覺狀態時，便如孩子般更靠近動物溝通的狀態了。

當你開始學習動物溝通時，**不僅會讓你體會到動物的心聲，更可能幫助你體會生命的乾淨與美好**，你的生活可能會愈來愈慢活、安穩與享受，甚至獲得更多自信、自然的生活著。還記得什麼時候的你是最快樂的嗎？最快樂的時候，就是我們很小的時候，學習動物溝通間接的就是學習活得像個孩子，**活回最純淨的自己**。也因為要慢慢地覺知內在的自己，這種活在當下的過程也將讓我們情緒更穩定，活得更安穩、踏實，甚至漸漸地對生活感到更安心。未來，在你聽見動物的心聲時，也會讓我們更懂得平等與愛的感覺，這更是學習動物溝通最寶貴的禮物。

帶著安心，找回你的赤子之心吧！

五 專注與迎接，訓練你的直覺力

「專注」「迎接」就是學習動物溝通最重要的兩個部分。

非洲的動物溝通師們，透過在大自然裡的生活，感受並學習與動物溝通。因為動物不會說話，所以只能透過讓你感受到各種類視覺、類知覺，以讓你感同身受的方式來告訴你。這些超感知覺與一般感官知覺一樣，都是當下會親身感受到的感覺，也因為動物溝通師將會親身感受這些類知覺，但這些感覺都存在於念與念之間稍縱即逝的空白中，所以更需要學習者將身心狀態處於一種清明的「感覺模式」裡，就像孩子跟動物一樣的清明與單純，單純的觀察內心、感知自己的內在狀態。

這些感知覺都有一種稍縱即逝的特質，都存在於念與念的霎那之間。要掌握住這稍縱即逝的感知覺，在宗教中就稱為「覺知」的能力，促進覺知的方法，就是「正念」。也許覺知與正念聽起來很難以理解，以科學角度來說，世界各地各種練習靜心的方式，都是在練習正念，而「直覺力訓練」就是覺知力的練習；裡頭最重要關鍵，**一個在於專注**，**一個在於迎接**。

動物溝通的核心要素——直覺力

有一部分動物溝通課程練的方向是靜心，導致有的人會誤以為動物溝通就是一種靜心，其實不是的。單純練習靜心並無法學會動物溝通，而且很多動物溝通師沒有靜心的習慣，也可以進行動物溝通。因為，動物溝通最核心的要素是直覺力，**各種直覺力訓練都是可以幫助我們學習動物溝通的能力，「迎接」正是學習直覺力時的關鍵**。但是只有直覺力是不夠的，倘若沒有足夠清明、專注與穩定的內在，這樣的溝通師很容易出現準確度不穩、訊息狹隘，或受到情緒或各種內、外因素影響。**要能夠保持穩定，需要的正是各種靜心的練習、也就是練習「專注」**。

簡單的說，靜心的專注練習都能幫助我們提升穩定性、更間接地提升資訊豐富度；直覺迎接能力則是學會與否的關鍵，也是上手的最重要關鍵；所謂的感覺模式，指的正是一種身心穩定且正迎接直覺的狀態，也是動物溝通中最適當的身心狀態。我認為練習動物溝通不可偏廢任何一方，最好在各種專注力訓練中打好基礎，再學習直覺力訓練，並真正學習怎麼好好的「溝通」，這三大主軸其實都非常重要。雖然多數動物溝通教學可能礙於時數或訓練背景，通常會偏重其中一方，但學習者可以把這概念放在心底，假以時日好好充足每一個部分。

練習專注力或直覺力其實是不容易的，何況是要在全然投入下迎接，所以上面才說不只需要興趣，還需要決心、耐心和一份赤子之心，加上正確的練習方式。所謂正確，並不是某一種方法才是最正確，而是需要我們去試試看哪一種方法最適合自己，哪一種方式能夠讓自己感到舒服也願意做下去，找到能夠自在、輕鬆地進入「感覺模式」的方式是很重要的。

當然，**不管什麼方式都需要練習，練習也是全球動物溝通課程都最強調的部分**，只要有耐心並正確的進行練習，百分之九十五的人都可以學會動物溝通。也因為全世界所有的動物溝通課程都知道練習的重要性，所以我們才特別打破過去各地分階段訓練的慣例，獨創出永久性的共訓課程。期待透過永久共訓的方式，長時間陪伴學員們練習，持續為學員解惑，讓學員能夠用一次費用就能永久學習，學習到會。

另外，每個人對於動物溝通上手的快慢，也會隨著年紀、生命歷練、工作屬性，甚至是生活環境的都市化程度、學歷、SQ 高低等因素而有所差異。也可能要等過了幾個月或幾年，忽然遇見了一些生命的轉變或成長後，更能體會放慢腳步的意義與重要性，或是體會了安穩、不強求後，忽然也領悟了「感覺模式」的涵義，學會了動物溝通。

在教學的路上，我遇見**很多學員都是無意之間便學會動物溝通**，因為高層潛意識的感受，不是一種刻意能找到的感受，那種感受不是「找到」，而是自然「遇見」的。找到是一種主動，遇見是一種被動，這些感受都需要沒有用力、沒有刻意中才會體會。因此我們才將課程做了永久共訓的安排，除了能讓學員持續學到會，會了還能繼續精進「溝通的關鍵」外，更重要的是透過這方式讓學員都可以安心，順著自己的狀態學習，也許有一天在生命中體會到慢活的美好時，我們也一直都在。

再一次提醒，學會放下與感受

因為動物溝通能力是在不強求的狀態下得以體會，如果太心急、很想要促成什麼發生，或是之前有了溝通的成功經驗，很想立刻回到之前狀態時，又或者心裡有所懷疑時，我們的意識便已開始紛飛而無法全然專注，也就和動物乾淨的意識狀態有所不同。要進入高層潛意識的感覺模式，**需要學習者的意願，自願跟隨著世界可能發生的一切，單純感受，不去控制任何的一切**。

當我們知道不能控制，但又還是想要控制時，可能會有一種擔心失控的感覺，可能會懷疑這樣的方式到底好不好、對不對？在進入感覺模式前，可能會出現一些恐懼與擔心，擔心當自己完全投身進入感覺的時候，不知道會發生什麼事？這個擔心常會莫名的出現，甚至伴隨著很多的想法一起出現，使我們不斷停留在紛擾意識中，無法專注，無法邁向高層潛意識。

日常的我們習慣掌控著自己的注意力，當我們要放下意識、放下控制時，常會有不習慣的感覺。事實上，只有你真正進入高層潛意識的感覺模式時，你就能體會那種非常自然、非常輕鬆的感覺。因為你完全不再需要控制，也無須任何用力，更沒有了任何的刻意，你會體會所謂的輕鬆與全然的滿足，只要你能在那狀態裡。**在感覺模式裡，你的身心都將無須用力，且能深度地休息與滋養，很自然地與感覺相遇**。如果一開始不習慣，也許你需要多一點耐心，透過正確的方式練習。很快，你會停留在那甦醒、舒服的感覺裡，很單純地向內感受著自己，感受自己、感受當下的每一刻。

學會感受到動物前，要先學會感受自己。學習感受自己，就是學著活在當下每一刻裡。在這邊我們又重複提到這些，就是因為我們的大腦總會習慣逃離當下，去思考未來或是想著過去。所以需要反覆提醒，一次又一次、一次又一次地去保持對自己的醒覺，需要你來回的帶自己的注意力離開紛擾的思緒，單純輕輕地回到感覺的狀態裡。

在練習時，你會需要持續將帶自己回到當下，回到每一刻去感覺、去感知、去體會所有瞬間，當你可以不受干擾，愈來愈能夠長時間的停留在「清明而乾淨」的狀態時，你便能慢慢地迎接動物的資訊了。**動物溝通的練習，就是洗鍊出一顆乾淨的心**；一顆愈乾淨的心，愈能感受到自己；**當一個人愈能感受自己，便愈能感知動物的資訊。**當我們體會到什麼是無須刻意為之的時候，便得以輕易為之了。

六 學會戰勝練習時所遇到的關卡

練習時會遇到許多關卡，面對煩雜與紛擾的思緒，你要做的就是給它一個方向。

除了練習時的決心以外，練習回到赤子之心是動物溝通最重要的部分。當我們開始學習帶著無須刻意為之的清明時，自然會在練習的時刻將自己的心慢下來，我們會好好停下腳步、停下自己，學著靜下總是紛亂的心，而配合正確、輕鬆的方式進入細膩的覺知狀態，迎接剎那間發生的一切與感受。當我們處在這種「感覺模式」時，自然會理解什麼是「全然的信任」。

當我們非常乾淨的時候，將會信任自己所有的體會；當非常投入時，彷彿像在夢境時一樣，不存有太多理性的思考，得以全然地投入並迎接所有的感受。此刻的你，既不像做夢時般昏睡，也不受日常生活中的思考紛擾，而是一種清明的甦醒，專注的迎接內在自然發生的所有感受，是一種很本就存有的生命狀態。

給自己一段時間，放下懷疑

練習進入高層潛意識的過程看似簡單也不容易。底下透過文字描述，試著向各位說明在練習過程中你可能會遇見的事情。

在還沒開始練習前，**可能阻礙你的第一個關卡是「懷疑」**。有可能是對動物溝通這件事情的懷疑，更有可能是對自己的懷疑。懷疑裡頭常有的是擔心與不安，這些都是意識層次在分秒之間經由判斷所產生的感受，都是意識層次的能力。但如同夢境一樣，潛意識的素材是難以直接用意識層次解釋與理解的，人類太多的直覺或感受都是獨特的，也唯有感受到的人才能體會。

身為人，你我都有機會得以體會、練習讓自己慢下來不只是為了學習動物溝通，更是能好好地慢下生命的步伐，離開忙碌與盲目。許多的科學發明與人生智慧都是在寧靜的時刻油然而生，甚至是生命最深的喜悅，都與寧靜有關。無論練習的目的是什麼，讓自己的生命稍微停下一會兒，對於自己身體與心靈的照顧都是很棒的。

找一個能夠安心的位置，排一個不需要做其他事情的時間，一段可以暫時放下手機，放下各種念頭的時刻。不須為了什麼，就好好地安心坐著，好好地試著找一個舒服的感覺，就是第一步最重要的事。此刻，你可能需要一些準備。也許是調整調整姿勢，也許是把環境的燈暗下，也許是想放點輕音樂，也許有人會想燃上一抹清香或點滴精油，一切都很好。當你準備好，練習便就從此刻開始了；當你開始無為而為時，也就成功一半了。

當你克服了前面的困難，決心坐下來，恭喜你，你已經前進了一大步。

教你五種方法，擊退昏沉

接下來你可能會遇見的第二個關卡「昏沉」。在瑜珈或各種探索潛意識的概念中都會提到，其實人每天都會進入各種意識狀態，無論是高層潛意識、中層潛意識、低層潛意識、意識，還是集體潛意識，我們每天都受這些狀態影響或在當中來回。其中最能被理解的，是日常生活中的意識層次，還有作夢時的潛意識層次。每天我們睡覺的時候就是在練習意識下沉，潛意識浮起的時刻，只是我們每天在意識下沉後，就直接前往了失去意識的昏沉狀態。

偏偏練習動物溝通需要的只有意識下沉的部分，但不須進入昏沉狀態，這與我們每天熟悉的方式很不一樣，因為動物溝通的放鬆是為了清醒的覺知所發生的，是清明在迎接感受。對於初學者來說，一方面要意識放鬆，一方面又不能昏沉要保持覺醒，有時不太容易，很多人在這個時刻睡意會自然地來襲，很容易陷入慣性的睡眠。

當你感覺到昏沉時，你可以試試看以下的方式：

1、不在自己的臥室進行練習

雖然建議不要在自己的臥室進行練習，但是如果臥室是最適合練習的地方也無妨，那可以試著不在自己的床上進行。

當練習到一定程度後，任何的環境就算是床上當然都無妨，但如果初學者容易感到昏沉想睡，建議不要在自己睡覺的地方練習。在心理與大腦的研究中我們發現，任何內、外在物件或環境都會在大腦中創造感受的連結，譬如一首歌可能會勾起一些回憶，一個熟悉的地方可能會讓人想起一段往事。同樣地，熟悉的床可能會讓我們不自覺想要睡覺，自然勾起昏沉的狀態。所以，我們可以試著離開自己睡覺的區域，這樣也可避免未來想睡覺時，反而喚起清明覺知的狀態。

2、保持正確、穩定的姿勢

動物溝通是一種練習往內觀察身心狀態的過程，避開睡覺區域或選擇特定的環境有助於練習，但也沒必要在如詩如畫的房間才能練習，抱持太執著的想法甚至可能影響我們練習無為而為的自然心境。影響練習的因素很多，練習者的身心狀況影響程度遠比環境與空間來得更高。

身體的姿勢也是很關鍵的因素之一，如果採用慵懶的姿勢進行練習不是不可以，但對初學者來說，用一個比較正確、莊嚴的坐姿，更可以減少陷入昏沉的可能。一個正確的姿勢，最重要的是要讓背部打直，並保持輕鬆。如果彎腰駝背，胸口凹陷的姿勢將會影響自然的呼吸，也會使我們無法找到讓人振作的清明感，是讓練習者產生昏沉倦怠的原因。

反之，如果胸口過於前挺，則會使得身體氣脈堵塞，身心不適。另外，過於僵直的姿勢也會使得身心處於緊繃，而難以久坐。又如果坐姿太過完美筆直，很可能容易進入睡夢中，因為太過緊繃的姿勢會需要費力，當人費力久了就無法停留在清明的感覺模式裡。

我們每個人的身心狀態都不同，無論採用什麼姿勢，最重要的是去試試看，背部打直的意思也不是要像一把尺一樣的僵直，脊椎有每個人自然的曲線，只要找到屬於自己平衡與自然舒適的姿勢即可。

3、**排除生理影響**

動物們透過讓人類感覺到他們的身心狀態，來進行資訊的傳遞，**練習動物溝通就是練習往內觀察身心狀態的過程**。這種往內觀察的過程，是先透過注意力集中訓練，讓注意力不輕易隨心紛飛後，進而能夠全然地迎接此刻的一切狀態，細緻地覺察到內在身心的一切。

既然動物溝通是感受自己內在的一切，想當然的，如果自己的身體處於疲憊、感冒或其他不舒服時，完全會影響你的專注與感受能力。當我們身體有狀況時，所有注意力都會集中在不舒服的位置上，不僅是病痛，包括疲憊或各種異常的生理狀態也會讓我們難以進行動物溝通。當然生病是無法避免的，如果是疲憊的話，建議先讓自己的身體充分休息，飽足精神再練習動物溝通，自然比較不容易有昏沉的狀況出現。

4、**排除心理影響**

學習動物溝通的路上，心理因素可以說是影響成敗與否的最大原因。無論是一開始的決心、還是後面的耐心、信心、平常心，心理因素都將在整段歷程中無時無刻的影響著我們。與其說是學習動物溝通，更可以說是學一場調伏內心的練習，不僅要練習與內在靠近，更需要我們細細地聆聽內在的聲音，還要面對可能犯錯的擔憂，或準確度不足，甚至在之後會談時，也需要協助飼主與寵物的心靈輔導，當你踏上了學習動物溝通的路，有天你會發現收穫最多的是你自己。

在一開始練習的時候，心理的感受都將影響著所有的練習過程，當心思無法專注時，就會很容易產生一些想像的情節與畫面，當我們太過沉浸在畫面裡頭，忘了保持內在的清醒與觀察時，便會容易直接感到昏沉而進入夢境，更多時候連昏沉都沒有感覺到，就直接進入了「睡眠模式」，而不是動物溝通的「感覺模式」。

感覺模式的「感覺」是動詞，這個狀態下的人長時間只做一件事，就是什麼事都不做，只是在感覺；感覺任一感受的時候內心是很專注投入的，不會隨意快速地飄移去感覺其他感受，好像很慢很慢地在感覺某一種感受，但也不執著在某一感受下，就順著自然感覺所發生的。在這種狀態下，人是非常清晰的甦醒著，感受所有的一切。保持你的感覺，保持正在感覺一切的狀態，而不會輕易地沉浸某一個感受中，保持在「感覺所有感受」的狀態裡。

我把內、外在世界所有的感受都譬喻成一條條的魚。每一條魚都是一種可以被我們感覺到的感受，在一條充滿各種感受的大河裡，同一秒內可能有數十條的感受同時游過你的前方，在感覺模式的你，並不會跳進河裡緊抓著某一條感受不放，也不會拿望遠鏡在岸上只看著某一條感受。

不是要我們同一時間將所有的感受都看盡，只是很輕鬆地，很自然地在欣賞整條河面的感受，沒有緊抓不放任何一尾，也沒有強迫自己要看著所有感受，很自然地感受某一區域或某幾條讓你注意到的感受，又在瞬間就放他們離開你的注意，不僅沒有抓住牠們，更沒有執著在某一條身上。

河裡的感受就只是離你有點距離的各種感受，你是你，感受是感受；你在河岸邊沒有睡著，也沒有分神，你保持清明且甦醒地感覺著所有的「感受」，你在岸邊感覺著所有的感受，這就是「感覺模式」下的你，正清晰地感覺著內、外在的一切感受。這也是你在練習動物溝通時需要的訓練，有天你自然會發現，動物的感受只是他們的感受，你只是感覺到他們的感受，但你仍在岸邊，你沒有抓住，自然也不會影響你，隨著感受來來去去，你只是在感覺著所發生的而已。

5、找到正確的方向

在練習動物溝通時，如果排除上述問題你仍容易感覺到想睡，極有可能是掌握錯方向了。動物溝通在練習時，請記得帶自己處在正在感受、正在覺知的狀態，譬如：你正在聽音樂、你在正看報紙、你正在聞味道、你正在難受或你正在開心，你應該是很投入的感受或知覺此刻正發生的一切。如果聽一聽音樂想睡，那此刻的你就「沒有」在聽音樂了，也可以說音樂正在放，但你的注意力已經分散，甚至進入昏沉的感覺。這就不是進入動物溝通的「感覺模式」了。在感覺模式裡，你正專注地、全然地、心無旁騖地、清明地、自然地在感知此刻所發生的，這才是動物溝通的正確狀態。如果你陷入昏沉，就要注意自己是否走入錯誤方向了。

以上五個方式是幫助你克服練習時昏沉的狀況。不過有的人遇見的困難不是昏沉，而是太多的煩雜與紛擾。

煩雜的思緒現身，如何面對

當你試著慢下來的時候，腦子裡可能會有很多「紛擾」，坐下來不到一分鐘就覺得煩雜的很，甚至有更多的念頭湧上心頭。一下子覺得身體怪怪的，也許腳不舒服，也許脖子不舒服，也許背很緊，一下子覺得很多事情還沒有做，一下子又想到其他的事情，你可能會感覺到自己煩雜的心思，也可能感受到外在的紛擾，也可能在想這樣練習到底對不對？什麼叫做感覺模式？這樣做到底有沒有幫助？是不是要再多做些什麼？還是就先算了，下次再練？當我們想要靜下心來，念頭卻像巢穴被攻擊的蜜蜂群一樣亂竄亂飛，狂奔而完全無法控制，甚至你可能還會有些負面的情緒湧現，無論是焦慮、擔心還是憤怒……這正就是我們大腦意識層的特徵：煩雜與紛擾。

在日常生活中，多數的時候紛擾的思緒掌控著我們，但我們可能都沒有察覺，只有非常專注某一件事的時候，才暫時脫離紛擾的控制，一旦慢下來的時候，紛擾就異常明顯的掌握著我們。紛擾的思緒總需要我們去注意它們，或是吸引著我們去做出相對的行為來削減這些紛擾與不安，於是我們總是不自覺地跟隨紛擾的思緒，做他想要我們做的事。

明就仁波切[1]曾說「紛擾的思緒就像是一個日以繼夜、不眠不休的老闆，從來沒有停止使喚或要求我們。」不斷逼迫我們跟著它去想東想西，或是做出它想要我們做的事，那些都是一些過去早已發生的事情，或是一些未來還沒有發生的事情，它也創造了很多的情緒來影響著我們，但那些想來想去的事情多半未必會發生，也可能都是自己的想像。

在心理治療裡，許多治療學派也發現了同樣的問題，發現很多的思考都是錯誤、非理性、未必會發生且都不是當下正在發生的一切，而是想像中的明天或是昨天。所以有人說：「我們無時無刻都活在想像中虛幻的世界裡」。紛擾的心一下要我們到這裡，一下要我們往那裡，一下讓我們歡喜，下一刻又讓我們煩憂、擔心、恐懼、喜歡、討厭、排斥、自卑……也許部分聰明的人發現了這個停不下來的老闆的習慣，但卻不知如何是好。憎恨那個老闆只會讓自己的心愈加陷入無

1　詠給・明就仁波切是藏傳佛教公認的禪修大師，不僅精通藏傳佛教傳統的實修訓練與哲學訓練，對現代文化議題也極為熟悉。曾被美國《時代雜誌》與《國家地理雜誌》譽為「世界上最快樂的人」。

限的黑暗，等於順從了老闆的意思，因為我們的思緒老闆就是喜歡一直想東想西，或帶著情緒去判斷所有一切；想離職或不理會老闆更不可能，它總是會想辦法找到你，無論你在哪裡。

集中注意，安定煩雜與紛擾

面對像瘋子一樣工作的思緒老闆，你唯一能做的不是不理會它，也不是關住它或是生它的氣，你唯一能做的就是讓它有工作可以做。**面對煩雜與紛擾的思緒，你要做的就是給它一個可以注意的方向**，把你的注意力放在感覺上，多去練習下一章節中各種不同的感覺方式，將全心投注在某一活動上，注意力的集中是與紛擾思緒融洽共處的唯一方式。

催眠的關鍵是催眠師透過語言讓一個人進入高度專注的狀態，動物溝通的練習是溝通師要運用各種方式讓自己進入高度專注的狀態。初學動物溝通或剛開始練習靜下心的朋友，你的思緒老闆可能無法在一個工作上做太久，你的老闆會很容易厭煩或懷疑，就像過動的孩子一樣無法受控，記得不必控制你的老闆，而是好好地讓它去某一個練習裡活動，不要想改變它，更不必說服它改變，欣賞它的美好，因為它，你也有了一些智慧與成長，只是有的時候你需要讓他乖乖地安靜一下下。

初學的你，記得給紛擾的思緒多一點活動，這些活動的步驟與方法都在下一章節裡，無論哪一種都很好，最重要的是你要耐下心去試試看，真正的去體驗與思緒找到共處的智慧，這過程需要你自己去經驗，因為這些體會與領悟，都是具有獨特性的感受，都是個人性的。就像生命裡的某些成長就是需要自己去完成，練習動物溝通的第一步「靜下自己的心」也是如此。無論想為了讓自己放鬆，還是當作挑戰都很好，找個地方安靜下來吧！當你慢慢學會變換各種任務讓思緒集中注意力，同時對學習保持初衷與熱忱，相信很快你就會發現思緒其實也是可以很溫馴地。我們一生總是為了各種目的前進，好好嘗試一次不為了什麼而做，就找個地方好好靜下心來吧！

隨著時間的流逝，你會發現你的思緒與念頭愈來愈少、愈來愈少，當你體會到自己念頭愈來愈少時，念頭又會再度蜂擁而至。此刻，保持一樣的安穩與耐心，一切交給時間。很快，你又會遇見自然而然地清明感。假如你的念頭總是肆虐，就先單純休息吧，好好地讓自己休息一下，不為了什麼，就單純地暫停一下自己。也許不久後，乾淨單純的輕鬆就會油然而生了。

不怕雀躍與懷疑，找回平常心

當來回好幾次、好幾十次感覺到思緒的安穩時，漸漸地對於自己的思緒能夠安穩，也比較沒有那麼驚喜與雀躍了，恭喜你，這是很重要的一步。

在夠安穩的身心狀態下所體會到的一切事物相對會較為清晰，各種感官知覺都會相對敏銳起來，也許你會覺得好像可以聽得到外界很遠很遠的聲音，也許會對於自己最近的心情或是某一件事情有了更深地感受，無論你正在經驗什麼，甚至也許心思轉移到了想要溝通的動物，忽然之間感覺到了動物的感受或資訊，此刻的你可能立刻有所懷疑，是不是自己多想了？還是是一些錯覺或幻覺？如果錯了怎麼辦？我真的辦得到嗎？會不會牠不喜歡我呢？**當接收到資訊的時刻，我們**

通常不是感到雀躍，就是感到懷疑。「雀躍與懷疑」正是這一關的關主。無論你接收到資訊以後，湧現的是懷疑還是雀躍，其實都讓平靜的心回到了紛擾的意識層了。

是正確的資訊也好，是錯誤的方向也罷，就好好地放開自己吧，不為了正確而做，單純去感受然後記錄下來。面對懷疑最好的方式，就是單純為了增加感受而做就好。把所有都記錄下來，任何絲毫的感受，你所要做的就是信任你感覺到的一切，儘管去犯錯吧！不必在意錯誤，只管增加你接收的資訊量，把所有可能的、不可能的都記錄起來，尤其是各種本來沒想到，忽然直覺獲得的資訊，錯誤也不要緊，學習不強迫也不批評自己，堅定與溫柔地修習。內心的那份平靜與安定，會自己慢慢地展開並深化，試著邀請自己迎接每一刻的到來，那些對與錯，等到與飼主核對時再說，此刻唯一需要做的只是保持在這樣狀態裡，自然地靜下自己，細細地迎接所有可能就好。別忘了，好好享受此刻的自由自在。

在接收到資訊的時刻，每一次我們的意識都會不經意湧現，這是很正常的。動物溝通的過程就是來來回回地在意識與放下意識中，來回跑著，接受到的資訊需要透過意識的層次記錄下來，再繼續帶著自己回到安靜中等待資訊。在來來回回的過程中，最後我們進入潛意識的速度變得很快，可能一秒、兩秒就回到高層潛意識的活躍狀態。練習夠久的人，日常生活中也可能在幾秒鐘的時間以內，就進入了定靜的高層潛意識，這都是每個人透過練習就能學會的技術，天賦也許會有差別，但經過足夠的練習都能熟悉而上手。

每一次要練習的時間多長，也是很多人的疑問之一。以初學來說，會建議順著自己的狀態練習，畢竟動物溝通就是一個學習感受內在的過程，感受自己的內在、順應內在狀態進行練習是很重要的環節。但很重要的，紛擾的意識總是在過程不斷地慫恿與打擾你，慫恿你結束這段練習，這個時候的練習就不是順應內在了，而是學著降伏自己的心，讓紛擾的老闆能順從著你的招呼，要老闆安靜是不可能的，就讓這些紛擾好好跟著你安排的方向學會專注吧。

一開始的時候，你可以以十五分鐘為一個基準，從暖身、到體驗到身心靜下的感覺模式至少讓自己有十五分鐘安靜的時間，在這十五分鐘內，好好地與每個紛擾的關主搏鬥一下。隨著你練習的增加，時間也可以慢慢地倍增。當然最前頭擁有練習的「意願」最重要，不論時間長短都很好。如果你已經有靜心的經驗，也許你可以試著給自己更多一點點的時間，以半小時至一小時為基準，直到足以體驗動物溝通的感覺模式，體驗到「超越時間，全心全意地投入在感覺裡，那裡什麼都沒有，只有你跟動物而已。」

成功會帶給你信心，也會帶給你驕傲與恐懼，恐懼的是當你某一次很準確時，你可能會很想趕快回到那一次的狀態，很想找回那樣寧靜的自己，偏偏愈想愈挫敗，愈想彷佛心愈難靜下來。當你遇見這樣的狀況，我要好好地恭喜你，恭喜你曾經那麼地成功過。還記得那一次你不為了什麼，而意外經驗到的寧靜嗎？還記得你完全放鬆了自己，很自然而然地在迎接所有可能的發生嗎？每當我們很想要回到過去的狀態時，這些都是紛擾的意識出的主意，在這一刻的你，什麼都不需要做，甚至不要練習了。直到你不再那麼渴求的時候，直到你單純想要回到那種令人享受的狀態時，再繼續練習。

簡單地說，當你找回平常心的時候，你就走出這一關了。**這一關關主的罩門，就是你的「平常心」**。找回自然而然的你，找回那份自然的寧靜即可，盡量去犯錯，你只要回到那份單純，那份乾淨的寧靜就可以。再次恭喜你，當你擁有迎接失敗的勇氣時，你自然就成功了。到最後，成功還是失敗都已不存在你的心裡，你只是單純地進入、單純地全然投入，如此而已。

第三章

動物溝通四步驟——101種練習全公開

開始練習

不同的導引方法適合不同的人，試著感受自己的心最適合或喜歡哪幾種練習，順著自己心的步驟開始練習吧。

本章是分享「心理派動物溝通」進行時四個步驟。每個步驟裡，不同的方法核心與關鍵都是相通的，因此步驟內的每個方法都可自由替換；隨著個人狀態不同，第二、第三步驟的次序也可隨你當下的身心需要做調整。這世界每個人都是獨一無二的，我們出生時的臉孔早已說明了這個道理，世上沒有任何人跟你長得一模一樣，同樣的，每一個人放下紛擾的方法也都有合適各自的偏好。

請你在後續步驟中找到適合自己的方式，試著去感覺哪幾種方法最合適自己。喜歡按照順序來的朋友，在後面章節中也有能一步一步帶你練習的固定模式；另外，可以參加永久性的長期線上導引訓練，每月會有固定三週的專業導引。

線上導引訓練是經由多種心理諮商訓練、催眠訓練及長年深度靜心導引融合而成，以學習者需求為設計導向；期許給你最專業、適切的動物溝通引導。有需要的夥伴可透過聯繫臉書《台灣動物溝通關懷協會》來獲取相關資訊。

一 第一步——先創造停止點

十三種練習方法幫助你沉靜紛擾的意識，給自己一個開始的契機。

我們的腦袋總被紛擾的思緒所佔據，要練習緩下腳步其實不是那麼容易，每一次想開始練習時，可能又會被紛擾的思緒影響，而總是沒有一個「好」的開始。因此，練習動物溝通的第一步就是要創造一個停止點，一個能讓自己舒服、願意且能夠開始練習的契機，一個準備好讓自己停下紛擾意識的「停止點」。

尋找一個開始的契機

底下分享十三種可以**幫助你開始找到慢下來的「停止點」**。請你運用一種或綜合多種方式，試著創造出專屬你自己的練習習慣，未來就像接受制約或經歷儀式一樣，每當做出屬於自己的「停止點」活動時，便能緩下自己的思緒，進入動物溝通的準備狀態。

1、放下關注周遭的目光

日常生活中的我們，總是透過視覺來了解整個環境的狀況，也有人會習慣性地去注意他人眼神或臉孔，來確認他人此刻的狀態或是自己在他人心中的位置。有一次我在泳池邊拿下眼鏡準備要游泳的時候，一道陽光恰恰灑落在泳池池畔，當下恰巧有陣舒服的風迎面拂來，那時的我並沒有想戴起眼鏡看個仔細，也沒有想要下水的念頭，就在那道陽光與微風下享受著。其實，本來我是準備要下水了，但因為這陣舒服的風讓我停下動作，雖然意會到在旁人的眼裡我的舉動可能很奇怪，但那時因為沒有戴眼鏡，所以也無從分辨他人的眼光。

就在這一刻，我忽然體會一種輕鬆的感覺。日常生活的我們總是很在意他人的眼光，很擔心自己在別人眼中的樣子，只有當我們拿下眼鏡失去了熟悉的視力時，才能放下那些可能被評價的擔心。當然，也才會知道也許更多的評價是自己創造的。

於是，第一個活動就是要邀請你拿下日常熟悉的眼鏡，如果沒有近視，也可以添購一副眼罩，戴起眼罩，讓自己不再自動運用熟悉的視力來感受這個世界，而能自然地用其他感官來感受這個世界此刻的發生。

- 你可以隨時拿下眼鏡，或取下配戴的隱形眼鏡。
- 不急著閉上眼，先用模糊的視野看看這個世界，同時感覺一下此刻內心的感受。
- 感覺視力模糊時，內心在想些什麼？是否會因為反正看不見，而漸漸放下一些念頭。
- 當你感覺心思往內在關注時，請細細地感受這種「不再那麼關注外在一切」的自己。
- 試著去感受這裡頭可能存在的自由與輕鬆，至少十分鐘。
- 記起此時此刻內在的安穩與寧靜感。

2、創造你的神聖空間

環境對人的身心都有相當的影響力，神聖空間的練習是透過空間的營造，創造出一個能讓自己安心、猶如聖殿般莊重的空間，當自己想要靜下心練習時，在那個空間中便能感到安心與莊重，莊重的目的是讓自己不會太過慵懶或隨興，這樣可以適度減少紛擾意識的干擾，以及昏沉的可能。

- 找一個不易受人干擾的區域。不一定要密閉空間或房間，房間的一個角落也可以。
- 擺上一些個人感覺神聖的物品，神聖的物品未必是宗教性的，而是能讓自己心裡覺得莊重神聖的物品為主，可以是一塊布、一盞燈、一杯溫茶，或是一塊坐墊。
- 請時常整理這個區域，讓這個神聖的空間保持乾淨、舒服。
- 可隨著擺放或更換你喜愛的物品，讓自己在這個空間中能舒服的待著，甚至使內心感到有如湖水一樣平靜。
- 好好享受在空間中的那份舒適與寧靜。

3、安排一個剛剛好的時間

除了環境空間以外，創造一個剛剛好的時間也是練習動物溝通非常重要的部分。所有的練習都需要時間，如果你剛開始接觸各種靜心的活動，與其排下十個急促而匆忙的練習時間，不如安排一個剛剛好的時間。找到一個剛剛好的時間，一個能夠讓你心無旁鶩好好靜下來的時刻，會幫助你更能找到屬於你的停止點。有鑒於大腦適應外在環境需要一段時間，若是能找到固定的時間或地點，愈能讓身心容易平靜下來。

選擇一個剛剛好的時間，包含剛剛好的環境溫度、剛剛好的清醒時刻，氣候、溫度等因素都難免會讓我們的內心產生紛擾，若能處於舒適的環境也有利於頭腦的放鬆。

- 挑選一個身心狀態比較安穩，不會太餓或太累的時間。
- 挑一個不用做任何事情的二十分鐘，一個可以讓你心無旁鶩的二十分鐘。
- 如果真的沒辦法，至少找到一個能夠讓你不被打擾的十分鐘。
- 在這個時間內，請關起手機或暫停任何可能會影響你的人、事、物。
- 好好地享受這個不需要為任何事情奔忙的時光，什麼事都不用做。
- 甚至不必靜心，只需好好地享受屬於你的這段片刻就好，好好享受這份舒適與寧靜。

4、播放讓你穩定的音樂

科學研究早已證實旋律會刺激腦內的激素，影響心情與生理狀態。適當的音樂可以促進人體亢奮或幫助緩和情緒，無論對於孕婦生產、產婦泌乳、孩童成長、青少年學習，還是成人工作與老人身心狀態都有直接與間接的影響。練習動物溝通時，音樂同樣也是輔助準確度與協助我們找到停止點的好方法。

- 挑選一台能夠穩定播放音樂的工具。
- 找幾首長度三十分鐘以上，或能夠重複循環的輕音樂。

- 開始播放這幾首音樂，細細地感覺每一首曲子帶給你的感受。
- 在這幾首音樂中，挑出最能讓你感受像湖面般寧靜、舒適的兩首曲子。
- 你可以在你想要放鬆或寧靜的時候，好好享受屬於你的寧靜曲。
- 好好享受這首曲子的美好，不必完成任何事情，只需要好好地沉浸這片寧靜。

5、挑選讓你放鬆的香氛

氣味，會自然地勾起許多感覺。「每個人身上獨特的費洛蒙氣味，是彼此親密遠近的關鍵。」對於部分的動物來說，氣味就是他們挑選伴侶的決定因子。很多時候，一個味道就能改變我們內在的心情，有些氣味，甚至能直接牽動起我們的潛意識情節。

挑選一抹恰恰好的芬香，能讓紛擾的意識輕鬆地緩和安頓下來，能讓我們的心自然地遇見一份舒服與寧靜。

- 好的香味會讓我們自然放鬆，所有能散發出讓你放鬆的香氛物品都很好。
- 無論是精油、香氛機、擴香機、香味蠟燭、燃香、噴霧，或各種香氛物件都可以。
- 挑選一個能夠讓你安心，像坐臥在湖畔旁感受寧靜的味道。
- 請找一個適當的距離與高度放置香氛物品。
- 你可以結合其他各種音樂或是空間，創造一個能讓安心的環境。
- 在你想要練習或單純想要放鬆、寧靜的時候，讓香氛的味道飄散出來。
- 一邊享受芬芳的美好，一邊感受內在的一切，單純地迎接自然襲來的舒適與寧靜。

6、找個助你離塵的寶物

每個人都有各自珍貴的物品，有的物品是因為本身具有效能而珍貴，有的物品則是因為有自己的故事而獨特。不同的領域也有各自的寶物，在信奉萬物皆有靈性的身心靈領域中，會使用各種天然礦石幫助身心沉澱；在佛教文化中，也有協助僧人靜修的七寶。

放眼世界所有的宗教或文明都各自有專屬的寶物，或許是天然的，也許是經年累月透過冥想加持，或因為特殊涵義而流傳下的寶物。每一種寶物的功用與價值可能會隨使用者的信念與使用習慣而有所不同。練習動物溝通想要找到停止點的初學者，很建議順著自己的習慣、信仰或信念，找尋一個能夠幫助你定心的寶物，它可以真的是一個寶物，也可以是一個增強物，能夠增強你練習靜心的物品都可以。既使是一杯你喜歡的飲料也很好，或是一盞古老的油燈，還是一片樹葉或任何能幫助你找到安穩的物品。

- 請挑選一個在生命中能帶給你安穩的寶物。
- 也可以走到森林、公園或海邊，慢慢地感受大自然中的植物、石頭或任何物品，在允許的前提下，帶回能夠讓你的心感到寧靜的大自然寶物。
- 將你的寶物放在你想練習靜心的地方，或是手持寶物進行各種靜心的練習。
- 仔細地感受寶物帶給你的感覺，那份能夠讓紛擾的心緩緩離塵的感覺。
- 享受這時這刻內心遠離塵囂的寧靜感，甚至可以想像你的心就像停靠在安靜的岸邊，彷彿不需要做任何事情一樣地輕鬆自然。

好好享受此刻的美好，同時迎接著內在的一切感受與舒服。

7、洗一場熱水澡

身體的觸覺也可以讓我們把渙散的注意力瞬間集中起來，暫緩紛擾的思緒。小孩子在成長的時候，需要大量的身體接觸與擁抱，那會讓孩子的心感到安穩。透過肌膚的觸覺，成人也可以有暫離日常紛擾的感覺。要讓每一寸肌膚都同時被接觸，最好的媒介就是水了，洗熱水澡不僅能全面地接觸到身體肌膚，熱能更有循環的功用，能幫助人放鬆肌肉，消除疲憊的身心狀態。

- 打開溫水，讓蓮蓬頭的水自然地落下，讓水保持在一定的溫度。
- 在水柱下，請先不急著完成洗澡的任務，單純用你的非慣用手去感受水的溫度。
- 再慢慢地，讓熱水灑落在身上，讓全身的肌膚與細胞都去感受熱水帶來的舒服感。
- 請你在洗澡的過程中，保持對身體、對內心的感受，感覺當自己慢下來洗澡時，內心與身體的各種感受，包括身體慢慢升溫，感到暖和與各種被滋養的感受。
- 好好地迎接所有的美好感受，就像時間暫停一樣，完全地享受熱水帶來的感覺
- 當你覺得足夠的時候，請不要急著又回到日常快速的步伐。維持你的覺知與狀態，慢慢享受並完成這場熱水澡。
- 既使是擦身體或穿衣服時，都維持比日常更緩慢地速度，在不著涼的前提下，好好地感覺身體與內心的一切感受，並找到過程中身心寧靜、時光停止的舒適感。
- 享受此刻全身的溫暖、寧靜與緩慢。未來的日子你都可以利用洗一場熱水澡的時間，來當作

你停下紛擾意識的停止點。

8、動手整理房間

心理學家發現，許多人的房間呈現的樣子與自己生活的狀態很有關聯。對於許多人來說，心情不好的時候也會用整理房間來打理自己的心。與其說是整理房間，也可以說是透過動手整理的過程，讓紛擾的心也做一個整理。每每整理好自己的空間時，那份想讓人停下來的寧靜，也正是能幫助你練習動物溝通的平靜狀態。

- 用你習慣的方式，開始整理你的房間或整理打算準備靜下來的空間。
- 在整理的過程中，像放下自己紛擾的思緒一樣，一點一點地打理自己的心。
- 細細地感受整理過程的所有正、負向感覺，直到自己的心像房間一樣被打掃乾淨。
- 打掃的過程中也許你會想起很多還沒做的事情或需要做的代辦事項，如果心思飛得很遠也不要緊，回到眼前的這一刻，你只需要把房間還沒整理好的地方整理乾淨就好。
- 整理的過程請維持比日常慢一倍的速度進行整理，不要太急著完成整理的工作，因為真正需要整理的不是環境，而是內在的心。
- 當整理好房間的時候，請不急著做下一件事。
- 單純地感受整理完的房間，單純地停留在這乾淨的片刻，細細地品味當房間與心被整理後的感受。
- 找一個能夠讓自己很放鬆的姿勢與位置，好好享受這房間不再紛亂的乾淨與寧靜。

- 細膩地感受自己的心，並享受這份清明的乾淨。

9、進行你的空間淨化術

在不同的文化與信仰中，對於空間有不同的淨化方式。有些人在練習靜心之前，喜歡先淨化自己的空間。有人會用鼠尾草、艾草，也有人會點淨香末或除障香，或是噴灑精油、鹽水或米粒等，各種方式都很好，透過淨化空間的方式，也創造一個讓心開始寧靜的停止點。

- 在淨化空間前，請先好好的把心稍微靜下來。
- 當心比較穩定且能夠專注時，專注向你想要淨化的空間表達你的用意。（這個步驟你可以做，也可以省略不要緊，重點是能讓心安定都好。）
- 用一種發自內心的善意，挑選一種你想要使用的淨化方式。
- 用你挑選的淨化方式，讓這個空間裡的一切經由你的善良與動作一同淨化而清淨。
- 你也可以點上喜歡的味道或精油，用精油或花精等各種的芳香來淨化空間。
- 淨化的同時，請持續迎接對空間與自己內在的感受，細細地感受淨化過程帶給你的感覺。
- 信賴你的直覺，感覺看看需要淨化多久，也感受還有哪裡還需要淨化。
- 淨化結束後，你可以用自己的方式向這個世界表達感謝，也可以好好享受淨化完的清靜。
- 就像整理房間來找到自己的停止點一樣，淨化空間有時淨化的是自己的心。好好感受自己內在的同步淨化，並好好體會內在的那份乾淨與清明。
- 淨化完成時，也不急著做下一件事。花點時間，停留在這份寧靜裡。

10、挑選一套好的衣著

「工欲善其事，必先利其器」。練習讓紛擾的心慢下來的方式很多，其中緩慢地運用身體的瑜珈、快速舞動身體的奧修[1]、旋轉身體的蘇菲旋轉[2]，或是緩和、重複不斷的各種動禪[3]都是在運用動物溝通直覺力之前，幫助自己意識比例下降的好方式，在運動類型的靜心方法中，衣著是很重要的環節之一。裝備與衣著也是創造停止點很棒的方式，當穿上專屬於準備靜心的淨心衣著時，對許多人來說就像是準備開始靜下自己的停止點一樣有效。

- 挑選一套你覺得可以讓你輕鬆、自在的服裝。
- 你可以將這一套衣服就當作練習動物溝通的制服或固定服裝。每當穿起來的時候，就是要自己慢下來的時候。
- 請保持這件衣服的乾淨與莊重，每次拿起這套衣服時，讓內心自然湧起寧靜的準備。
- 換下衣服時，請好好摺好並收納在適當的地方。要穿起時，也保持內心的慎重。
- 穿著衣服的過程，開始收攝心念，讓自己的心慢下一點。
- 一邊換穿衣服，一邊同時保持內心的覺察，細細體會內心的細微變化與寧靜。
- 當你感覺到自己的平靜時，好好地讓自己停留在當下的寧靜裡。

11、淨化過去的自己

這裡提到的淨化與前面提到的淨化空間非常的不同。淨化過去的自己，可以說是一種道別，也可以說是一種內在的懺悔。在許多的宗教裡，甚至包括心理治療的療法中也有與淨化過去的自

1　奧修是二十世紀相當知名的靈性智慧導師，他曾表示：「舞蹈，是讓人躍入靜心的方法之一。」當頭腦放下意識，覺知回到身體，身體會非自主性的隨著能量舞動，人們可藉此進入靜心的狀態。

己幾乎雷同的方法。有人曾說：「當一個人如果能知曉許多遭遇到的事情，原來都是因為自己的念頭或過去的行為而造就時，生命中許多的憤怒、不公與痛苦、煩惱便都將解決。」

各種淨化自己的方式，其核心談的就是懺悔，既使我們理智上告訴自己這一切的本質都是空的，但日常生活中我們無時無刻、有意無意的錯誤或各種念頭，都會像丟向平靜湖泊的石頭一樣，激起相對的漣漪；甚至不自覺的影響到水中動植物的棲息，而這一切也將直接或間接影響到我們內在的安定。在心理治療服務的多年間我們也發現，許多年紀大的長者最放不下的，除了生命沒完成的遺憾，各種來不及以外，最多讓人們臨終仍鬱悶不已的，就是內心的愧疚與對不起。懺悔、淨化過去的自己正是許多心靈困境能夠解脫的鑰匙之一。

關於懺悔的方式，沒有一定。不過，有幾個很重要的關鍵：

- 幾乎所有宗教中都有經典談到懺悔的力量，當我們第一次有懺悔心時，好好感受內在的懺悔心就好，一方面沉浸其中，一方面讓自己不至於完全失去控制或陷入自我責怪中，要清楚知道懺悔不是責備。
- 懺悔時湧現責怪自己的感覺是難免的，但在懺悔中能體會並汲取智慧更是重要。懺悔的第一個目的是要在心底將責怪轉為致歉，甚至願意為自己的錯誤付出應有的代價，這份意願，就是懺悔與轉變很重要的原因之一。
- 第二個重要的目的是，懺悔者要有停止再犯的誓願與自律的準備，真正決心要改變自己曾經的錯誤，是懺悔真正存在的價值。

2　蘇菲派是伊斯蘭教內的神秘主義組織，以「旋轉舞」這種修行模式聞名，教徒會藉由旋轉拋下自我，同時冥想阿拉，藉此接近真主並獲得神聖體驗。

3　動中修禪，相對於打坐的靜禪。在生活活動中找到安定身心的修行禪法。

- 你可以回想過去的情節，但不必捲入細節去感受。回想過往的錯誤，並在過程中找到重新的力量。
- 也可以想像未來的日子，當再一次遇到的時候，自己會如何重新下決定與選擇。
- 不僅是單純在「自我」的範圍裡，更要體會到我們所有的人都曾經犯下錯誤，當其他人感受到自己的悔恨時，也同樣在感受這樣的痛苦，進而在心底深深地原諒他人曾對你犯下的錯誤，並體會、心疼他人的苦。
- 從心底給予最深的祝福，如果你要想像光或愛的感覺也很好，為很多很多的人想像並傳送出祝福的光或愛，讓在苦裡打轉的人們都能好過下來，同時，你會發現你自己也是其中一個，也讓自己在光與愛中，好好地放下罪惡與各種苦，好好地寧靜下來。
- 深深地感受放下一切的寧靜與安詳感，好好地沉浸在這份停下來的感受裡。
- 懺悔然後找到寧靜的停止點，也許會成為你在做動物溝通前，很好的停止點準備，祝福各位。

12、給你的心創造停止點

所有停止點最重要的目的是，創造一個讓內在紛擾準備開始停止的點。所有一切的方式都是為了創造心理的準備，準備決定空下一段時間，決定好要在這段時間中好好地讓自己慢下來。你可以透過各種內、外在方式來幫助自己準備好停止點。可以運用書寫、塗鴉、握拳再放鬆、握緊物品，或是各種能夠讓心思漸漸集中而慢下思緒的方式，讓自己的心找到慢下來的專屬停止點。

- 每一件事情都可以創造心的準備，請你找一件可以讓自己專注的事情。

- 執行可以讓你專注的事情前，請先預想一下等等執行時，內心自然而然緩慢地感覺。
- 在預先想像的過程，請練習能夠一邊做，也一邊保持對內心細緻地覺察能力。
- 接著用比平常緩慢一至兩倍的速度執行你想做的事情，同時保持對內心狀態的覺察。
- 細細慢慢地一邊感受一邊做，試著去體會內心的細微變化與寧靜。
- 信賴並跟隨你所有的感覺，事情有沒有做完不重要，當你感覺到平靜時，可以閉上眼睛，好好地停留在當下，好好地享受當下的時刻。
- 也許你會完成那件讓你專注且寧靜的事情。倘若完成後，請不要急著做下一件事，單純地花點時間享受完成這一刻的一切感受，好好地花點時間，停在這份寧靜裡。

13、呼喚你的護法或守護天使

這一種邀請護法或守護天使的方式，比較是身心靈領域或宗教領域的動物溝通師會採用的方法。在多數的宗教與信仰裡，要進行持咒或冥想等練習時，都會先邀請自己的守護靈、天使、神明、護法、守護動物、大地之母、高靈或各種外靈來保護自己。也因此，邀請各種的守護靈也是成為靜心冥想的前奏。

- 找一個你覺得莊嚴尊重的神聖空間。
- 可以供上你的鮮花或食物，也可用水晶礦石或花朵擺放出　個曼陀羅壇場或各種陣法，也有人會透過一盞清香或燭光來供養自己要呼喚的守護靈。
- 透過基本的放鬆方式讓自己的心神保持專注，並在心中遙想著想要呼請的對象，同時保持對內心狀態的覺察，並讓自己的整體內心是乾淨且淨空的。

- 你可以想像自己化身成守護靈，也可以想像自己內在中更原始的自己正與守護靈相對、相呼應著彼此，當然也可以想像守護靈就在身邊或一定的距離守護、觀望著你。
- 由衷地表達對守護者的臣服與感謝，並在心中向守護者傳達此刻要執行的事務。
- 有的人會透過感覺來確認守護靈的到來與狀態，也同時確認自己的狀態。部分的人在這段邀請的過程中加入想像的火焰或是光芒，來先行淨化自己或空間。
- 當確認自己的內、外在皆準備好後，整個過程就成為「靈性派動物溝通」的停止點。
- 在清理、祈請與供養的過程中，靈性派動物溝通的專注多數放在自己靈性層次的感受上，也會運用很多的想像來促進整個過程的運行。

最後提醒你，所有的練習與方法，沒有對與錯，也沒有最好與哪一種比較不恰當。能夠幫助你靜下紛擾意識的方式，都是好方式。每個人的信仰不同，有人信仰的是宗教，有人信仰的是科學或心理學。這世界所有學問最後都走向接納與無拘束的自由裡，學習尊重各種的可能，更是身為動物溝通師的我們最要擁有的個人特質與素養，迎接內在所有的可能，接納這世界所有的發生，尊重所有的不同。

有人認同我們很好，如果遇見不認同的人也不要緊，就像「書是寫給同頻率人看的」一樣，好好的走在自己的路上，不必去詆毀與自己不同的，也不必強求全世界都認同我們，好好的走在自己的路上，我們就會遇見很多志同道合的人。

二 第二步──放鬆與安定身心

帶你練習如何放下紛擾的意識，真正體會放鬆與安定。

所有運用潛意識的活動都有一個共同的特徵，就是需要放下紛擾的意識。動物溝通的訓練也是先透過各種靜心活動，來幫助紛擾意識逐漸降低，在高度專注、全然投入的狀態下，學習感受並迎接所有的感覺，最後透過有效的會談來協助飼主解決飼寵狀況。**整個練習過程分為三大部分：**

- **第一部分：練習放下紛擾的意識**
- **第二部分：練習迎接內在的直覺**
- **第三部分：練習有效性的會談方式**

三大部分的練習，各有其重要性

一般靜心活動比較偏重於第一部分，譬如心理治療的正念治療，就是全然著重第一部分的訓練；部分的動物溝通訓練，則是偏重於**第二部分，坦白說第二部分就是動物溝通的精髓**，但如果少了第一部分的練習，容易像是沒有扎根的浮萍，平時雖沒有問題，但當身心狀況稍有變化，或在生活中遇見一些狀況時，準確度就可能產生一些影響。

少部分只訓練直覺力的溝通者，尤其是單純以內在聲音、自我對話方式進行溝通的溝通師，資訊獲取可能會有不夠完整的情況，譬如：視覺圖像或其他類的資訊不容易接收得到。不過，也有的人就是從自我對話開始學習，在接案的過程中慢慢補齊第一部分的練習，或透過不同的方式讓心寧靜，進而補強其他訊息的接收能力。從任何角度學習動物溝通其實都很好，但站在正確的推廣角度上，還是建議初學者在學習路上不偏廢，會走得更加穩健。

此外，畢竟動物溝通沒有行業輔導或提出溝通訓練的要求，所以多數溝通師是比較少注重第三部分，但偏偏**第三部分通常是影響會談最重要的關鍵**。缺少第三部分訓練的溝通師比較容易在不自覺的狀況下，出現過於主觀、傳遞出性格、觀點、生活習慣，或對世事的立場與見解等。這正是所有心理訓練中，始終不斷提醒會談者注意的地方；心理師的訓練中，更透過幾年的時間讓心理師學會能夠同理、設身處地的去體會每個人的處境，訓練過程，甚至會錄下自己的會談，並謄寫成逐字稿，一字一句的去檢視自己在會談中的表現，核對自己傳遞出的訊息，透過這樣的方式察覺會談中有無出現不自覺的意圖、主觀詮釋、自己的需求、沒有效的回應，或是那些太過主觀的不當意見或教導。

在動物溝通的世界裡，雖然主角好像是同伴動物，但你會發現真正有能力改變一切的，其實是飼主。促使飼寵關係或互動真正產生改變的，往往需要的不是一問一答的建議，而是一份願意深深傾聽的心意，需要溝通師深深地體會飼主或動物彼此的困難，才可能找到真正有助益的方法。

從基礎扎根，你將得到更多收穫

大多的問題都不是表面上能輕易看見的，無論是人與人的關係，還是同伴動物與人類之間的互動都是如此。很多時候我們以為不就這樣做就好了？有時是考量到飼主的立場，就單純要求動物要去滿足付錢的飼主的願望，也有更多的時候是太過於正義，站在動物的立場，而忘了考量飼主的不容易與為難。這些年在動物溝通領域常看見這些現象，其實每個人都需要好好被疼惜且被尊重，無論是牽繩那一端的動物，還是牽繩這一端的飼主，都應該好好被疼惜與照顧。所以在「心理派動物溝通」裡，期待學習者能在三個部分上花時間好好接觸，穩穩地把根扎好。

美國最知名的溝通師——瑪塔・威廉斯在他的書裡提到「準確度是最重要的部分」，初學的各位最重要的就是先提升準確度，而提升精準度的前提就是要打好基礎，在這一章節「放鬆與安定身心」裡的所有活動，目的都是幫助大家扎好根，能慢慢地找到適合自己的方式來穩定心神，放下紛擾的意識。當你是位願意為了飼主而穩扎穩打練習的溝通師，相信在未來服務時，也會願意耐下心提供更好的照顧。

在動物溝通裡，太過汲汲營營的心很難走遠，如果你能好好地為了飼主或動物們服務，有一天你會發現收穫最大的其實是我們自己。除了你的準確度肯定會因為這份心意而更精確外，你也會深深地體會到，原來學習動物溝通不只是學會與動物進行溝通，更能幫助我們找到生命安穩、體會生命最踏實的喜悅。也只有當你踏實地走著，才會體會到自己的轉變，當你在生命中有所體會或轉變時，才有能力給出真正地安穩與接納，甚至成為下一位講師來幫助更多人。也因為這條路，我們也遇見了生命中的安穩與喜悅，這正是我們致力將動物溝通分享給你的原因。

本章節練習的就是靜心，練習放下紛擾的心。但如果一直向「不理會內在的紛擾」是沒有幫助的。紛擾是心思的本性，要違逆本性讓紛擾停下幾乎是不可能的事。想放下紛擾的心，其實就是要練習專注的能力。

上過外頭很多專注力的課程，不知道你有沒有發現，注意力本來就是專注地。每一秒、每一個瞬間我們都只能注意到一個標的物，一個心思煩雜的人其實不是同一時間想很多事情，而是心思太過跳躍，一下在這裡、一下在那裡，每一秒想的都是不同的事，伴隨著煩雜的心情更難在同一個位置停留下來。所以更精確地說，練習專注力，其實就是練習讓注意力「持續」停留在某個標的物上。這也正是練習放下紛擾意識中最關鍵的部分。

找到屬於自己的放鬆方法

要與動物進行溝通，需要全然投入的狀態，就是靜下紛擾的心，長時間、全然投入、持續注意在某一實物或感知上的能力。所以，初學者要能輕鬆學習的關鍵，就是找到一套能讓你輕鬆地，自然而然下就能保持注意力的方法。換言之，所有能幫助你練習（讓自己的注意力在輕鬆、自然的情況下持續維持）的方式都可以好好利用。

對於初學者來說，就是要給予習慣紛擾急躁的老闆一個工作。讓紛擾的心專注在一個「標的物」上面。西藏與印度瑜珈士們將這個標的物稱之為助緣。標的物可以是外在任何實體，可以是這世界任何的存有，也可以是因內在被牽動而遭遇的所有感受，**任何一個能吸引你注意的標的物，都能幫助你集中紛擾的心**。經過一段時間後，原本協助你集中注意力的標的物也會自然而然的淡出你的意識，這時的你就會進入一種專注，但沒有特別要注意什麼的狀態，能夠乾淨的迎接或開啟潛意識的各種可能。

從心理學的角度來說，我們大腦的潛意識是從不停止工作的，能受控的意識層在日常生活中則有一種不停歇、不停思索且紛擾的特質。當我們把注意力維持在同一標的物時，心思會自然產生不耐感，倘若該標的物很吸引我們，能讓我們全然投入時，紛飛的意識就會集中，時間一久就進入了心流或高峰經驗，一種潛意識活躍且高度專注的狀態。

意識集中就是收攝了紛擾的意識，收攝意識後的我們便不再感到紛擾，才有機會經驗到平時不被注意，但早已存在的感受、情緒、記憶、靈感與各種潛意識情節。就是因為日常生活中的紛擾太過明顯，佔據了我們的注意力，而那些早已存在的各種潛意識情節，就彷彿成了意識的背景。

各種人生來即有的直覺、情緒、回憶、靈感等潛意識潛能與情節就像是**天上的星星，在白天或月光太亮難以察覺，但其實星星一直都在**，只有當我們不受困於紛擾思緒時，才得以覺察。

集中注意力，開啟潛意識大門

心理治療的方法有千百種。經驗性的心理治療學派中，就是透過各種方式開啟被治療者的潛意識大門，去發現日常生活中被忽視或壓抑的內在情緒與情節。在治療的過程中，同樣會讓被治療者身處一種專注、投入情緒感受的身心狀態，在安全的前提下，重新經驗過去某些重要時刻，並體會過往一些沒有被注意到或壓抑的內在感受，進而創造帶有矯正性意義的全新醒悟與轉變。

心理學家早已理解人類潛意識中，還有無限寬廣的素材與潛能。許多鑽研心理學甚深的治療師或學者，更發現許多開啟潛意識大門的方式。這些原理與各種潛能激發的核心都是相同的，從美國心理學之父威廉・詹姆士到現今的心理學家，都是透過科學導引或各種引領專注的方式，來幫助學習者自然放下紛擾的意識；再將注意力集中於「某標的物」，創造全然投入的狀態，開啟潛意識的大門。

有的心理學家著重回憶過去，挖掘更多過往的潛意識情節，有的則研究如何開啟潛意識更多的潛能，「心理派動物溝通」就屬於後者。在運用大腦喚起潛意識的方式上前後兩者都一樣，但運用目的不同，兩者的方向就有所差異。

33種練習助你安定身心

到這邊你愈來愈清楚我們要練習的是什麼了，也可以清楚知道這樣的方式不僅與通靈不同，且擁有一定的學理邏輯。本章節節錄很多來自世界各地，能有效幫助放鬆與安定身心的方法。各位在創造「屬於你的停止點」後，可以開始一點一點的練習。

假如你是初學者，你可能會遇見「紛擾的心」還無法在同一個「標的物」待太久的情況。當紛擾的心知道你想要停下來時，會出現各種讓你疲倦、更好動、煩悶、反感，或是不耐等負向的感覺。遇見這個狀況時，**解決的關鍵點是給紛擾的心更多一點標的物去注意**，綜合不同的方式練習，經常給紛擾的心變換不同方法，同時試著去感覺自己比之前一點一點更慢下來，不必急著一下子就進入完全沒有紛擾的狀態，你只需要比之前更慢一點點就很好。

你可以每天練習幾次，每次一兩分鐘也可以。一次一次的增加時間，人的意識狀態也有習慣性，需要多一些時間去適應與習慣，只要在練習過程中適當的轉換標的物，讓心樂此不疲並保持注意即可。在我們過往開辦的實體課程中，透過這樣的方式與正確的導引，完全沒有任何相關練習的學員也可以在導引下，第一次就靜心長達三小時以上，這並不是特別厲害，就只是透過正確的導引並融合這樣技巧所達成的，各位多練習試試也可以辦到。

當我們的心有了更好的掌握時，就可以更輕易且快速地進入開啟潛意識能力的「感覺模式」。在感覺模式的當下，你的心神不再輕易渙散或飄移，也沒有特別的喜怒哀樂等強烈情緒，心很自然地感到無比的安穩，感覺內心不會因為外在任一事物而輕易動搖。當你仔細去體會這個狀態，你會發現其實我們每天都有這樣的狀態存在。

在日常生活中，我們能感受到自己有無數個念頭湧現，這些念頭也伴隨各種慾望與感受想吸引、勾引著我們的注意，甚至期待我們因此做些什麼去滿足那些思緒與慾望。我們常會注意到內在湧生的無窮盡念頭，但你有發現念頭與念頭之間有什麼嗎？**每一個念與念之間都存在著空檔，這空檔其實就是我們要的感覺模式**。在無數的念頭之間有無數的空檔，只是我們比較會注意到的是念頭，不知道早已存在的空檔。在這空檔中，沒有念頭的難耐或慾望感受，只有單純的空白。

練習動物溝通其實也像帶自己體會念與念的空檔，當我們愈來愈得以控制讓空檔延長時，許多的直覺與潛意識就自然地湧現。念是意識層次的產物，空檔就是人類潛意識出現的機會。

練習動物溝通就是透過科學的方式練習延長大腦的空白時間，進而朝活躍潛意識的方向前行。但這與日常生活中我們會習慣去注意念頭恰恰相反，反而是要延長念頭之間早已存在的空白時期。因此，訓練的過程可能會感到不習慣，可能還是會不斷注意到一個一個湧現的念頭。所以，我們才會說動物溝通是需要長期練習的專業。透過長期練習，習慣停留在空白與乾淨時，你便比一般人更能有效的掌握自己的心。在那之前，請記得保持你的決心、耐心、赤子之心與平常心就好，因為所有的念頭都只是意識層次的湧現而已。

帶著你的決心、耐心、赤子之心、平常心，讓我們繼續練習吧！

1、**漸進放鬆**

- 請先找到屬於你的停止點，也許是一個安靜或感到安心的空間。
- 你可以坐在舒服的軟墊上，或找一張舒服的躺椅，用一個可以全然放鬆的姿勢坐著。
- 將雙手輕鬆放在你的雙腿上，當你準備好時，就可以慢慢闔上眼睛。
- 請你細細地將注意力放在自己的全身，從頭頂開始慢慢放鬆，如果不知道怎麼放鬆頭頂也不要緊，不需要出力就是放鬆了。
- 細細地感覺頭頂的放鬆……還有額頭……眉毛……眼窩……用你自己的步伐，一路地放鬆，鼻子……嘴唇……牙齒……還有兩個臉頰……再到耳朵……還有整個後腦杓，整個頭部完全地放鬆下來……你的頭這些年來為自己思考了很多很多的事情，此時此刻讓它完全地放鬆下來，就是最深的照顧與休息，完全地放鬆你的頭部，並在心裡深深地表達感謝……感謝你的頭，再讓它進入更深……更深地放鬆與休息……。

- 你所需要的就只是放鬆就可以，一次一次地帶著自己進入放鬆的感覺裡，仔細地感覺脖子……肩膀的放鬆……彷彿完全不需要出力一樣，完全地放鬆下來……隨著每一次呼吸，就帶著自己進入更深……更深的放鬆狀態……。
- 慢慢地放鬆左右兩邊的上手臂……兩個手肘……下手臂……手腕……到手心、手背……甚至每一根每一根手指頭……讓你的雙手完全地放鬆下來，你的手這些年來為自己處理了很多很多事情，此時此刻讓你的雙手完全地放鬆下來，就是最深最深地祝福與照顧……完全地放鬆你的雙手，在心裡深深地表達對雙手的感謝……並讓它進入更深……更深……的放鬆與休息……完全放鬆你的雙手……完全放鬆下來……。
- 順著你的呼吸，感受雙手與頭部的放鬆自然擴散……慢慢地放鬆胸口……放鬆腹部……一點一點地進入更深……更深……的放鬆裡……背後一條一條的肌肉一點一點地放鬆開來，彷彿整個腰部以上都完全地放鬆開來，讓你進入完全放鬆的狀態裡……完全地放鬆開來……。
- 順著身體的放鬆，你會發現放鬆的感覺自然而然地會慢慢延伸到左邊、右邊兩隻大腿，當你感覺到大腿漸漸開始鬆開時，讓你的大腿完全地放鬆開來……完全地放鬆……你所做的就只需要放鬆而已……進入更深……更深……的放鬆狀態……一邊放鬆，一邊體會全身到大腿……甚至小腿……兩個腳踝……腳底板……腳背的放鬆……完全地放鬆，到大拇指……食指……中指……無名指……小指……進入完全完全的放鬆狀態……。

● 請細細地體會全身完全、完全地放鬆，細細地停留在放鬆的感覺裡，進入一個過去從來都沒有的放鬆狀態，完全地放鬆下來，並感受此刻的放鬆，好好地享受這樣的時刻……享受這樣乾淨、單純地舒服，完全地舒服下來……。

2、想像暖流

● 在漸進放鬆的導引下，慢慢地自然而輕鬆地放鬆著……輕鬆地呼吸著……彷彿也不太需要注意自己的呼吸一樣地輕鬆，你只需要完全地輕鬆著……。

● 你可以隨時帶著自己輕鬆地感受呼吸，空氣自然地進與出，彷彿將放鬆的感覺順著一股舒服的暖流，從頭頂開始，到你的額頭……眉毛……眼窩……鼻子……嘴唇……牙齒……還有兩個臉頰……再到耳朵……還有你整個後腦杓，感覺內在充滿一股正向的能量與放鬆，讓這股能量自然地擴散到每一條肌肉……彷彿到每一個細胞裡……到整個脖子……肩膀……兩條手臂……完全地放鬆並充滿能量……仔細地感覺整個上半身……一種與過去不太一樣的感覺，非常地放鬆……非常地輕鬆……你所做的只有感覺……感覺全身到兩條腿……到腳趾頭完全地放鬆與暖暖的能量……仔細體會此時此刻的舒服與放鬆……完全地放鬆開來……你也可以試著讓嘴角輕輕揚起，你會感覺心情十分愉快……。

- 將這樣愉悅的力量慢慢滲入你的內心……以及全身……彷彿充滿電力一樣……細細地體會並享受這樣的感覺……仔細地感受身體自然出現的感覺……完全地放鬆……完全地放鬆……。

3、想像放鬆的大草原

- 你可以透過慢慢地放鬆自己……自然地輕鬆放開自己……自然輕鬆地呼吸……彷彿身體愈來愈輕……愈來愈輕……輕的好像慢慢可以飄起來那麼的輕……想像自己非常非常的輕……輕的好像慢慢飄起來……愈飄愈高……愈飄愈高……底下的景色愈來愈遠……愈來愈小……而你隨著風愈飄愈舒服，愈飄愈輕……。
- 隨著風，愈飄愈遠，彷彿想像隨著風自然地飄到一個一望無際的大草原上……一個非常安全舒服的大草原……。
- 細細地感受在草原上的你，非常舒服、放鬆的自己，可以站著，也可以坐著或是躺在大草原上……細細地體會大草原上的舒服與放鬆，也許有微風輕拂著草地，看著草地的青草搖曳的樣子……隨著搖曳的青草全然地放鬆下來……還有微微的陽光。
- 微微的陽光照著大地，也舒服地照著你……在溫暖的陽光下，讓自己完全地放鬆……完全輕鬆下來……感受身體微微的舒服與溫度……也許有微風，微風輕拂的舒服……就在這安全的草原上，完全地放鬆下來……完全地放鬆開來……。
- 仔細地感受此時此刻內在的一切感覺，細細地感受全身的放鬆與舒服……也許微風裡還伴著青草的味道……細細地品嘗這美好的一刻……陽光的溫度……微風的輕拂……青草的味道……還有內心裡全然放鬆的輕鬆與美好……。

● 細細地停留在這樣，彷彿什麼都不需要做的感覺裡……什麼都不需要做，只需要輕鬆地放鬆著……感受輕鬆的感覺……感受所有正在發生的一切……。

● 請你深深地記住此時此刻的感覺，未來的日子裡，當自己需要的時候，隨時可以利用回想回到這裡，感受此時此刻的美好與安定……。

4、回顧美好的旅行

● 練習前，先選擇一個短時間不會被打擾的空間，找一張椅子或軟墊，舒服放鬆地坐著……。

● 準備開始的時候，先慢慢地閉上雙眼……緩緩地深呼吸……感覺全身慢慢放鬆，試著去回想以往愉快的記憶……也許是曾經探訪過的大自然美好風光……又或者是跟朋友或家人的異地旅行……。

● 回想這些美好的記憶，感受心情的愉悅與幸福……可以有意識地讓嘴角微微上揚……透過愉快的笑容，跟隨感受讓身心漸漸地放鬆與安定……。

● 仔細地沉浸並感受在這份不一樣的喜悅……感受心情的美好與愉快，未來的日子裡，你隨時可以回想起此時此刻的美好……讓生活感到舒服，更可能提高身體免疫力……。

● 建議每次練習的時間都能超過十五分鐘。

5、音樂導引

科學家們早已證實音樂的類型對人的意識狀態有相當影響程度，柔和的音樂更有獨特的治療功效。音樂冥想主要分為兩種，一種是宗教音樂冥想，另一種是非宗教音樂冥想。在許多的宗教裡，運用了很多緩慢、柔和地音樂，幫助信徒平靜身心、忘卻煩惱，產生一種掃淨心靈塵埃的感受，加深人心與信仰的聯繫，如天主教的格里高利聖咏或低沉的佛樂；另外一種是透過一些自然的聲音，如雨滴聲、流水聲、風聲、蟲鳴鳥叫聲等等，透過柔和、愉快、輕鬆的純淨音樂，讓人的心靈有一種回歸自然的感覺，慢慢釋放心靈的毒素，使身心呈現安寧、平和與愉快的感受。

- 先挑選一些能讓心靈沉靜下來，或是能達到放鬆效果的音樂，因為音樂的不同，營造的氛圍也不同，引領你的心境也隨之不同。
- 準備練習時先把音樂打開，調到自己覺得舒服的音量，接著挑一個能讓自己舒適、放鬆坐著的合適位置……。
- 慢慢地專心聆聽音樂，感受音樂旋律或節奏對內在心理的影響……全然開放自己的心……跟著旋律讓全身放鬆、心靈沉澱下來……甚至細細地感覺……內心所有細微變化……。
- 適時配合緩慢而深長地呼吸，深吸……緩吐……人在深吸……緩吐……時，大腦放鬆的效果會更加明顯，當下也更容易感受到輕鬆、愉悅與安定……。
- 細細地體會彷彿全然自由，無拘無束的感覺……專注地停留在當下……感受此時此刻的恬淡與渺然……。
- 記得，慢慢地迎接所有內在出現的感受……細細地迎接所有當下的感覺……你只需要細細地觀看著所有的發生，享受所有發生的一切……。

6、放開一切的秘訣

- 找一個安靜的地方獨處，挑選一張舒服的椅子，穿著寬鬆的衣服。
- 先閉上雙眼，以放鬆的姿勢靜靜地坐著……。
- 接著把手掌打開，掌心朝上自然置於腿上，並細細地體會手掌自然地放鬆……。
- 輕輕地放鬆嘴巴，微微張開嘴巴……透過鼻腔自然的吸氣，再由嘴巴緩緩地吐氣……。
- 自然地放鬆你的牙齒……當你將掌心朝上、嘴巴放鬆、牙齒微張放鬆時……整個人便會深深地放鬆開來……。
- 在吸氣與吐氣之間，靜靜地坐著……仔細地享受放開一切的幸福感……。

7、滿月吐納法

- 找一個可以舒適站著的隱密空間，穿著寬鬆舒服的衣服，甚至不穿任何衣服也可以。
- 對著充滿能量的滿月，雙腳張開站立，與肩膀同寬，將背部挺直，膝蓋微彎曲，並把手自然垂放在身體兩側。
- 當身體準備就緒時，慢慢閉上雙眼，將注意力放在呼吸上，深沉緩慢地吸氣……。
- 將吸入的空氣壓縮在小腹，感覺腰腹周圍有膨脹的感覺……此時可以搭配手的動作，吸氣時緩緩抬起雙手，掌心向上……。
- 慢慢地將空氣呼出，慢慢將雙手放下……想像自己正在吸取月亮的精華，也可以感受自己呼出內在埋藏的負面氣體與能量……。

- 反覆地呼吸大約十五分鐘，細細體會所有的情緒與意識逐漸消逝的感受到的平靜而寧靜，享受此時此刻心無雜念的自然安穩……。

8、意識飄浮法

- 找一處不會被打擾的地方，挑一張有點高度的坐墊，及一首讓你感到輕鬆飄浮的心靈音樂。
- 播放音樂，並細細地感受一下音樂的感覺……讓自己慢慢地投入在音樂的感受裡……。
- 以放鬆的姿勢坐在座墊上，慢慢閉上眼睛……平穩自然地呼吸……慢慢一點一點的放鬆全身體的每一處的關節……。
- 從關節到每一寸肌肉、每一個微小的細胞……想像身體愈來愈輕……愈來愈輕……彷彿從手臂慢慢飄浮起來……之後延伸到肩膀……胸……脖子……頭……腰……臀……雙腿……再到全身的每個細胞……愈來愈輕……愈來愈輕……最後想像彷彿整個人輕飄飄地，愈飄愈高……愈飄愈高……。
- 不需要控制你的身體，就讓身體自由漂浮……隨著身體的輕盈漂浮……感受內在一種自由、輕盈地感覺……完全地隨風飄去，看看風會帶你去看見什麼……而你只需要完全地讓風帶著自己……完全地輕盈……隨風飄去舒服的地方……。
- 約二十分鐘後，讓意識回到身體裡……慢慢地坐著，靜靜地感受此刻心靈的寧靜……。

9、陽光沐浴法

- 在有陽光的日子裡，你可以待在能夠直視太陽的環境，像是家裡的陽台、較少遮蔽物的草地上等等，不論是室內還是室外，穿著寬鬆舒適的衣服，找個可以舒服坐著的位置靜待一會。

- 不論你是坐著還是站著，緩緩地感受陽光的溫度……讓身體處在一個放鬆的狀態……當準備好時……就對著充滿能量的太陽，慢慢閉上眼睛……此刻想像你正凝視太陽光線照耀著全身……透過眼皮能感覺到太陽的金色光芒……感覺自己正與太陽產生一種連結……可能是頭頂、額頭、胸口、背部、全身的細胞……專注地感覺全身上下正發生的變化……。
- 也許這個過程眼睛內會產生一些影像或光線……這是正常的現象……。
- 請細微地感受全身沐浴在陽光下的溫度……彷彿心也跟著打開一樣，充滿溫暖……心裡會自然感到平靜與踏實……閉目注視太陽的時間可以持續約五分鐘……或是按照當下的狀態進行調整……。
- 當你移開對太陽的注視時……可以緩緩讓眼睛稍微適應一下不同的光線與視野……然後可以用手掌輕輕地放在眼睛上……你會感覺到那股溫度的存在……接著可以到有水源的地方，用清水洗臉……感受水的清涼與洗滌後雙眼的不同，彷彿充飽了電一般。

10、**斑點視覺法**

- 請找一個乾淨舒適的環境，有完整、淺色的牆面，白色會是最佳的選擇。
- 請在這面牆上貼上你準備好的黑點紙或是直接畫上去也可以，在距離兩步寬的距離前，能輕鬆看到黑點即可。
- 待確認與完成後，可以準備一張舒服的椅子，讓自己的身體自然舒服地放鬆坐著。

- 請專注地感受在你的呼吸上……一呼一吸之間……心也跟著慢下來……思緒跟著平穩下來……此時可以將專注力集中在眼前的黑點上……。
- 只要稍微不留意……不經意地聯想、念頭、思緒就會打斷你對黑點的專注……此刻你可以重新再將注意力回到黑點上。
- 你會發現每一次重新回到黑點的時間……專注力會隨著練習而增長……漸漸會感受到專注的集中力與控制感，請大約維持十五分鐘的練習。

11、接受無法控制的思緒

- 找個安靜的空間，挑選一張坐墊，以覺得最放鬆的姿勢坐著或是半躺著，甚至讓自己有點慵懶的感覺……。
- 剛開始盡量讓身體保持不動……試著全然地放鬆你的呼吸與整個臉部肌肉……。
- 此時，可能你的思緒會像雲朵一樣……一下飄過來，一下又飄過去，沒有關係，試著以一種全然開放的心態接納所有的發生……去迎接無法控制的感覺，好好任它來去自如……。
- 當自己能放鬆享受思緒的流動時……慢慢將思緒拉回到內在……並維持放鬆的呼吸……。
- 全心關注當下，感受自身的呼吸，專注於那些湧起又消逝的情緒、腦海出現的畫面、內心的對話，甚至身體的感官體驗……。
- 時間夠久時，忽然之間會感覺到原本的浮動，漸漸沉穩下來……此刻，什麼都不要做，盡情讓自己放空吧！

12、森林浴靜心法

- 找一個風和日麗的時光，走進附近的森林裡。
- 找個舒服放鬆的位置，以放鬆、舒適的姿勢好好坐著……。
- 調整呼吸的頻率，以平緩自然的方式來呼吸……並將注意力集中在森林的大自然聲音上……專心地享受音樂，慢慢地紓解內心的壓力。
- 感受森林裡的溫度、林間的芬多精……細細地保持清醒地享受此刻。
- 倘若意識到自己的念頭紛飛時，試著重新專注在大自然的森林之音……。
- 盡情地徜徉在森林的沐浴裡，感受自己在空白的時間愈來愈久，感受自然舒服的狀態……。

13、全心呼吸法

- 找一個安靜的時間與空間，搭配寬鬆的衣服，讓背部保持自然地直立。
- 初學者別急著閉上眼睛，可以先輕鬆地自然吸、吐，不做任何的控制……。
- 單純地呼吸，直到心神自然穩定……再緩緩閉上雙眼……。
- 保持單純、自然地平穩呼吸，單純地感受這此刻一切，均勻的呼吸就如同茶壺滴水般……。
- 如果容易想睡，建議初學者可以不闔上眼睛，半閉著眼……。
- 每當意識到恍神或發現自己出現雜念時，輕輕讓注意力回到如同茶壺滴水般呼吸即可……。
- 當十五分鐘後，睜開眼睛，仔細感受此時的平靜狀態，並試著回想練習前後身心感受上有什麼不同。

14、深度呼吸法

- 同上一個方式一樣，找個適當空間與位置，先調整坐姿讓背部保持自然直立。
- 先別急著閉上眼睛，單純輕鬆地吸、吐……直到心神自然穩定……再緩緩閉上雙眼……。
- 慢慢地保持你的專注，持續拉長呼吸，每一次吸氣都要吸到八分飽，每一次吐氣都要吐到乾淨為止……。
- 深吸、緩吐，每一次都吐淨空氣，同時用兩耳全心聆聽著呼吸……。
- 每當意識到恍神或是發現自己出現雜念時，注意力回到兩耳，全心聆聽自己的呼吸……。
- 十五分鐘後睜開眼睛，停留在此刻的寧靜，不做任何的事情至少十分鐘……細細體會當下內在出現的所有感受或什麼都沒有的寧靜……。

15、自我對話

- 挑選了合適的空間位置後，調整坐姿，讓背部保持直立，意識保持清醒。
- 直到心神自然穩定……再緩緩閉上雙眼……同時保持內在的專注，專注觀照吸氣與吐氣時，胸部與腹部的起伏……。
- 關注自己的身體變化與感受……此時若產生雜念，像是突然想起一些煩惱的事或生活瑣事，試著觀照自己為何升起這些念頭，只須觀照它，再自然地讓這些念頭來去，持續練習約十五分鐘的時間……。
- 十五分鐘後，開始與自己內心對話，詢問自己的內心：「現在的情緒是否更平穩？注意力是否更集中？」確信並感受自己有不同的變化……。

- 對話的同時，專注內心所有的覺知，體驗很乾淨、清明的當下，並享受這種更高意識層面的提升感……。
- 有時候會有一種彷彿重獲新生的感覺……請細細地停留在這份感覺一會兒，感受這份深層的寧靜……。

16、漫步寧心

- 在開始練習前，挑選一個熟悉的公園或是平時常走的步道來練習；選擇的路徑須是一條能安全步行二十分鐘且沒有特別障礙的路線。練習時，避免需要擔心任何交通安全的問題，更能將全部的感知專注於感受上。
- 把注意的焦點放在步行的體驗上，放鬆、呼吸自然，慢慢邁開步伐，然後集中注意於行走的感覺、腿部的運動、胳膊的運動，及步行的節奏……。
- 開始練習時，先試著放鬆呼吸，調整到與平常呼吸一樣自然……。
- 接著慢慢邁開腳步，用自己平時自然輕鬆的步幅和速度來走路，不需要改變原本走路的方式，這樣能幫助自己稍後更專注在步行的身體與內在感受上……。
- 先將注意力集中在行走的感覺……腿部的運動……手臂的擺動……以及步行的節奏……可以專注在某一部份，也可以適時的改變專注的位置，保持注意力在身體與姿勢的感受上……。
- 持續的行走，直到自己彷彿能同時感受整個身體，能持續地將所有注意力都集中在感受身體上，此刻的你會察覺到自己專注的能力已有所提升，且心已比較平穩……。

- 當心愈來愈穩定時，可以試著將注意力轉換到感覺身邊所經過的一切……各種周遭的環境、聲音或感知覺……。
- 細細地體會，此刻的知覺彷彿比日常更清晰，感受全身很自然地走路……內心放鬆、無憂的狀態……。
- 在動態狀態下，身體的感知更容易專注，且能為你帶來更有力和更深的感受。

17、飲水、茶道淨心

- 可以接著上一個活動，練習飲水淨心。也可以單獨練習本活動。
- 請先找到適當的環境與空間，用平常習慣的方式喝一口水……。
- 輕鬆地吐納呼吸，開始調整姿勢與位置，找到一個能讓自己放鬆全身且舒適的姿勢，並將雙手自然地垂放在大腿或膝蓋上……。
- 慢慢閉上眼睛，盡可能讓臉部的肌肉放鬆，使自己自然地呼吸，無須調整呼吸的方式，直到內心開始感到平靜與舒適感……。
- 約莫十至十五分鐘後，請拿起茶杯或水杯……一邊感受自己的身體狀態……一邊細細地感覺自己的內心，感覺此刻還需不需要喝一口水……。
- 用緩十倍的速度，將杯子緩緩放置嘴邊……用非常緩慢而清明的狀態，緩緩地開始喝水……請記得慢慢地含在嘴裡，細細地體會水在嘴時的感覺……此刻所有發生的一切滋味……。

- 緩緩地吞下……並感受自己的身體還需不需要喝下一口……全然地投入在感受自己的內在狀態裡……。
- 當喝夠水時，將杯子緩緩地放下，細細地體會此時此刻所有的一切寧靜與感受……。

18、**香氛靜心**

- 練習前，請挑選一到兩種能夠讓你覺得安心的香氛或帶有舒服氣味的物品，也可以直接在家裡找些唾手可得的花草等常見的自然氣味。
- 開始練習時，將香氛物放置在隨手可及的地方……先不急著閉上眼睛……。
- 等待心情的安穩與平靜的到來……再慢慢地順著調整呼吸……或是閉上眼靜，讓心進入更沉更穩的狀態……。
- 差不多十分鐘後，保持眼睛閉上，拿起香氛物……用比平常更緩慢且細緻地感覺……仔仔細細地品味它的香氛氣味……。
- 用非常緩且深的嗅覺去感受物品的氣味……同時感受隨著氣味而湧現的寧靜與安穩……。
- 覺得需要換下一個物件的時候，再緩緩地替換另外一件物品……過程中保持內在安穩與放鬆……。
- 細細地享受此時此刻的寧靜與安頓……讓身心隨著芬芳自然地安穩下來……。

19、**氣味辨別靜心**

- 練習前，選擇一個能安心原地站著，就算短暫閉上眼睛也沒人會來打擾的地方，可以是家裡附近的公園，或是戶外任何大自然的環境。

- 開始練習的時候，先站在原地不動，慢慢地闔上雙眼……將注意力集中在嗅覺上……深深地吸一口氣……仔細聞聞周遭環境所散發出來的氣味……。
- 試著以過往經驗所記憶的眾多氣味中，去細細地分辨聞到的是什麼樣的氣味……。
- 請保持輕鬆的心情……不需要真的分辨出對錯……單純地品嘗當下所有的氣味……。
- 感受自己的內心可能隨著氣味而有所變化……無須跟隨那些思緒或感受……只是單純地迎接這些感受即可……像是在河岸邊遠遠地看著河裡的魚一樣，遠遠觀察著內在感受就好……。
- 靜靜地感受所有內心與外在發生的一切感受與氣味……漸漸地你能體會到一種穩定的感覺……。
- 停留在穩定的感覺一會……味道似乎也不再那麼重要……好好地享受站在這裡的美好，細細地體會此時此刻的一切……。

20、享受身心靈的平衡

- 先找一個安靜、舒服的環境，挑選有軟墊的椅子或是坐墊，幫助你上半身伸直且放鬆地坐著……。
- 一開始先試著深呼吸三次……藉此來舒緩內心波動的情緒，放鬆全身的肌肉……。
- 調整呼吸的節奏……用深吸、緩吐的呼吸方式，讓心慢慢地沉澱下來……。
- 當心靈感到平靜時……試著想像自己全身的肌肉、細胞及血液循環都緩慢下來……。

- 感覺到身體與心靈愈來愈安穩……身體的內部彷彿有一種安在的平衡感……好像一切不多不少，很自然地順著身體自然的循環……一股彷彿剛剛好的平衡與安穩……。
- 感受到安穩與平衡的感覺後……請細細地注意著這股感覺……不須特別去想像，只需要細細地感受這股感覺……順著這股感覺讓它自然地擴展全身內外……。
- 細細地停留在這種舒服平衡的感覺裡……請慢慢感受並等待，等到周圍環境都呈現一種舒服與穩定的感覺……甚至你整個人與整個宇宙空間，都逐漸達到身心靈平衡的感覺……。
- 好好地享受此時此刻的一切感受……細細地品味所有發生的一切……。

21、微笑鏡映法

- 開始時，可以找一張沒有椅背的凳子，讓自己自然抬頭挺胸、腹部稍微施力的往內縮，或是保持不駝背輕鬆站著也可……。
- 先試著觀察自己的呼吸……不去控制呼吸……單純覺察自己呼吸的樣子……接著想像面前有一面鏡子，一面很大的鏡子……。
- 請你仔細地想像，仔細地看著這面鏡子……看看這鏡子的外框顏色……看看這鏡子是什麼材質的……而你正對著這面鏡子，從鏡子中也看到略帶微笑的自己……。
- 一邊看著微笑的自己……一邊感受鏡子裡笑得很自然的自己……也一邊感受鏡子外的自己……內心自然的微笑與感受……。
- 感覺像是發自內心的笑容……感受自己由內而外的喜悅……同時，觀察到你的眼睛因為快樂而發出的光彩……臉上因為喜悅而笑的更燦爛……更神采飛揚的自己……。

- 仔細地感受內心因微笑所帶給你的幸福感……也感受在這當下內心的寧靜與安頓……。
- 整個練習大約十五至二十分鐘，結束後繼續停留一會……停留在這安穩的感覺裡……。

22、微笑能量

- 一開始時，你可以先選擇一幅自己正綻放笑容、令人最感到陽光欣喜的一張個人獨照，可以是開心的自拍，也可以是各種值得驕傲的時刻，或是跟喜愛的人出去遊玩時，各種美好時光的照片……。
- 練習時，將照片放在相框裡或用你的方式將它直立起來，擺放在距離一公尺或適當的距離前，以可以輕鬆看到照片為基礎……。
- 接著開始覺察自己的呼吸……也可以稍微先調整自己的姿勢……直到呼吸與身體自然感到平順與安穩……然後慢慢地更放鬆自己……。
- 當內心沉澱下來時，慢慢地將視線移到照片上，專注地看著笑容滿面的自己……。
- 慢慢試著感受此刻內心……因為自己看著照片而逐漸跟著喜悅的感覺……好好地沉浸在感覺裡……而這愉快的能量來自於照片中微笑的自己……。
- 感受這股微笑的能量在身體內自然的流動……順著循環慢慢地充滿全身上下到每個細胞都是……。
- 仔細地感受這股微笑所帶來的感覺……請深深地沉浸在這微笑的感覺裡頭……。

* 細細地品味所有內在正在發生的一切……持續十五分鐘……。

23、大休息SAVASANA

* 這是瑜珈士或奧修動態靜心中，所有活動的最後體位法。也是能令人最深刻地放鬆與停下身心的時刻……。
* 這是一個「什麼都不做」的瑜珈姿勢……練習前，挑選一處乾淨的房間，裡面最好有可以全身躺下的平面地板，最好避開睡覺的床，因為床可能會讓你陷入睡眠，而少了覺察、享受放鬆感覺的狀態，因此請避開在床上練習。
* 你可以準備一張瑜珈墊與兩條毯子，一條毯子鋪蓋在地上，另一條毯子可以當作保暖身體的被子。
* 開始練習時，搭配能讓你深沉放鬆的音樂，或是單純將身體躺在毯子上……讓背貼地仰臥著就好……你的手臂和雙腿自然舒適地攤放在墊上……雙手掌心朝上……全身放鬆……完全地放鬆……。
* 請你仔細感受這個姿勢是否舒服……如果平躺會讓腰椎不適，可在膝蓋下置放一個枕頭或抱枕，找到一個完全能放鬆、放開的姿勢……。
* 當你舒服地躺著時，漸漸閉上眼睛……全身放鬆並緩慢、自然地呼吸……想像身體所有需要離開的能量隨著身體的重量沉入地板……離開你的身體……留下來的就是你的放鬆，彷彿漂浮在水上……就像沒有任何重力一樣……完全地放鬆開來……。

- 持續地放鬆，並專注在這過程上……維持正在感受的狀態……持續大約二十分鐘……。
- 要結束前，緩緩地深呼吸五次……接著動動手指、雙手……腳趾，伸伸懶腰……一邊保持感受自己的身體，一邊側身緩慢地坐起來……享受此刻的寧靜與安穩……。

24、屏息法

- 先挑選一個安靜舒適、不被打擾的空間，自己的房間或是一間咖啡店都可以，然後找一張有椅墊，不會讓屁股坐著不舒服的椅子，開始舒服、放鬆地坐著……。
- 慢慢闔上雙眼……自然地伸直上半身……像是抬頭挺胸的樣子，但不用刻意地出力……。
- 以自然輕柔的方式呼吸……將注意力集中在呼吸上……感受吸氣時腹部的隆起……呼氣時腹部的凹陷……。
- 等到內在感受到完全安地頓以後，試著在呼氣與吸氣的過程間，自然地屏住呼吸約一到三秒……。
- 屏住呼吸的同時，專心的覺察……這個停頓帶給自己身體、心理的各種感受……。
- 持續地屏息……持續地感受所有發生的一切……直到忽然有很多事都沒有那麼重要的感受出現……再持續地感受這個狀態……。
- 最後屏息不屏息……也不是那麼重要了……請停留在這種完全放開的感覺中……好像什麼都變得不重要的感覺……仔細地停留在這樣安靜、乾淨的美好裡……請停留在這種感覺十分鐘以上……。

25、吟誦凝心法——嗡（AUM）

- 嗡AUM是印度教中信奉的三大神，A表示創世者大梵天（Brahma），U表示保護神毗濕奴（Vishnu），M表示毀滅神濕婆（Siva），在印度中是一個神聖的符號；在《奧義書》中，AUM就是梵，代表一切真理之音，超越了時間的限制，也有人說A—U—M分別代表人的意識狀態中的清醒、夢境與睡眠。
- 嗡AUM具有的特殊含義與力量，引領人的心靈遠離各種世俗慾念，幾千年前AUM也在佛教裡被廣泛使用，透過反覆吟誦，讓人將注意力集中在念誦的語音上，來達到內心平靜。有人說，當我們經過一段時間練習後，會緩解身心壓力，甚至能讓心靈達到一種最純淨的狀態。
- 在練習前，先挑選一個適合發出聲音的地方……因為練習時必須發出聲音，這樣可以避免被人打擾或是吵到他人，再隨意找個舒服的坐墊或地方，放鬆地坐著準備自己……。
- 一開始時，先調整呼吸的平順……在呼氣時，試著以深沉且自己可以聽到的音量，反覆誦念AUM……誦念時不用刻意地用力來拉長聲音……。
- 慢慢地讓你的聲音盡可能綿長、穩定且平均，A……U……M……嗡……屋……母……記得發出最後M的聲音時，必須把嘴巴閉起來……。
- 試著在每次呼氣時，開口誦念AUM的聲音……並想像自己，以及世間萬物因為你誦念AUM，而感到和諧與美好……所有萬物的內心慢慢充盈著幸福與安穩感……。
- 大約十五分鐘後，在每次吸氣時，以心默念AUM……並想像彷彿正吸收著大宇宙的智慧與能量……也讓所有的萬物自然的吸收與提升……。

- 在一呼一吸之間，保持對內心的感受，迎接所有一切的感覺與發生，不須做任何事情，單純的感受所有的感覺……同時，細細地享受內心的喜悅與和諧……。
- 全程保持大約二十至三十分鐘的時間……。

26、亂語靜心（Gibberish）

- 據說亂語是源自蘇菲派的開悟者賈巴（Jabbar），所有門徒在詢問賈巴人生問題時，賈巴永遠都是用胡言亂語的方式來回應上千個門徒，他認為不用任何語言的方式來言語，頭腦就會停止思考，才可能讓對方停留在感覺的狀態裡。
- 亂語靜心就是透過亂語的過程，一方面把所有壓抑的念頭通通扔出去，一方面可以將注意力放在自己的感受上，完全投入地進行十五分鐘的亂語後，進入深深地停頓與寧靜中……當前頭的亂語愈投入，之後的寧靜也就會愈深……。
- 先挑選一個不受人干擾的空間，如果無法找到一處隱私的空間，你可以試著不發出任何聲音……就好像啞劇一樣，但所投入的力度必須跟有聲亂語一樣強烈，甚至更大……。
- 讓自己放鬆地站著……一開始先閉上眼睛……然後嘰哩呱啦地發出任何無意義的聲音……只是純粹的聲音，就像不會說話的嬰兒，試著發出聲音來吸引著別人一樣……。
- 接著十五分鐘不間斷的亂說，盡情地亂說！像是在發洩情緒一樣……若身體想要擺動，不要刻意地去壓抑！讓身體自然跟著動起來……跳……跑……坐……躺……什麼都可以……。

● 如果過程中，感覺到身體沒什麼動力或是無法持續亂語，可以試著從丹田處喊出「護、護、護……hoo！」的聲音，但請持續投入並保持在感受內在的狀態……。

● 結束後……可以先喝口溫水……然後安靜地坐著……完全沉浸在此刻內心的寧靜中……保持對內在的感受與覺知……再持續十五分鐘的時間……。

27、燭光凝視法

● 選擇一處較幽暗的空間，你可以把燈光調暗，或是選在晚上的時段進行燭光凝視。

● 點燃一支蠟燭，將蠟燭放在與自己眼前距離一點五公尺左右的地方。

● 找一張椅子或軟墊，將脊椎挺直且放鬆地坐著……同時也讓眼球稍微轉動一下，再輕輕地閉上雙眼，緩緩地深呼吸十次……。

● 接著慢慢張開眼睛，先把視線集中在膝蓋上……然後，將目光慢慢向上移動，開始專注地凝視燭光……透過凝視燭光縮小紛擾的意識，把注意力集中到蠟燭的火焰上……。

● 你可以採取不要眨眼，讓淚水自然地流下來的方式，也可以單純地跟隨會自然跳動的燭光，跳動的燭光會自然吸引目光……。

● 如果你選擇不眨眼，當眼睛感到太疲勞時，輕輕闔上雙眼……此時眼前會殘留著燭光的餘像，繼續凝視這個眼前的影像……觀想這個內在的火焰．當凝視的火焰漸漸消失時，再次睜開眼睛，專注凝視燭光……。

● 如果你選擇一般狀態地專注燭光，就自然地感受內心與燭光即可……一旦察覺到心思紛飛，就將焦點返回燭光就好……。

- 直至疲勞的那一刻，輕輕闔上雙眼……不論生理或心理上自然都會出現燭光的餘像，繼續凝視內心的燭光影像……同時感受此刻的自己，此刻內心的一切……。
- 持續大約十五分鐘的時間，再慢慢闔上雙眼……讓自己放鬆坐著……感受內心自然地沉靜……專注於當下的感受……。

28、身體搖擺法

- 在開始練習前，挑選能有個人隱私的空間，因為練習時需要輕微搖晃身體，可能會引人側目，所以找一個能一個人待著的地方。
- 挑一首合適的輕音樂或有著輕柔旋律的鋼琴聲來播放……。
- 開始練習時舒適地坐著……之後輕輕閉上雙眼……保持自然平順地呼吸……就跟平常呼吸的節奏一樣……。
- 接著將上半身放鬆伸直，不用刻意出力來挺直脊椎，自然地讓雙手垂放在大腿上……。
- 然後緩慢放鬆地左右搖擺身體……搖擺的幅度不宜過大……感覺不需要費力地維持身體平衡即可。
- 搖擺的過程中，請先專注在體內的感受與變化……感覺身體自然地擺動……慢慢順著身體擺盪……。
- 然後慢慢將注意放在自己的內心感受……同時感覺身體在擺動過程中，是否有股自然的力量會在身體裡流動……。

● 有些人會覺得背後刺刺癢癢、有些人會覺得胃特別攪動，都是正常的，也有些人會想放屁或打嗝，都不需要特別理會……保持內在的舒服……持續關注內心的流動或感受即可……。

● 感受內心自然地放鬆……跟隨身體自然的擺幅與自在的舒服感……感受內在的溫暖與能量……感受這股暖流順著血液或身體的循環……流遍全身……完全投入、享受擺盪裡……整個過程時間約十五分鐘即可。

● 十五分鐘到時，你可以緩緩地停下身體的擺動，請讓自己靜靜地坐一會兒……。

29、瓶映燦笑法

● 挑選一個舒適的地方，可以是房間、客廳或是辦公室，找一張舒服的椅子或軟墊，讓自己呈放鬆的姿勢坐著……讓脊椎保持自然伸直……。

● 練習開始時，先讓自己深呼吸三次……之後將自己的注意力放在呼吸上……並試著以自然放鬆地方式呼吸……隨著平順的呼吸慢慢地放鬆身心……。

● 感受到自己漸漸靜下心來後……可以開始想像你正看著一瓶插滿鮮花的玻璃花瓶，仔細地端詳花瓶的樣子……想像那玻璃花瓶的表面映現著你的微笑……感覺花瓶表面上的自己就笑得像鮮花一樣燦爛……。

● 此時，仔細地感受微笑中的你，還有內心充滿的喜悅感……同時，感受鮮花……微笑……自己……還有內心因為喜悅而產生的能量……或任何不一樣的感覺……。

- 請仔細地觀想……想像這股喜悅從自己身體開始……到每一寸肌膚……肌肉……細胞……甚至就這樣擴散……擴散到整個空間……都充滿不一樣的喜悅與寧靜感……。
- 感受這股感覺持續地擴散……擴散到整個世界……整個你所存在的所有地方……所有的切……彷彿自己也不存在一樣……輕飄飄的你就是喜悅……你就是寧靜……是安心、也是祥和……。
- 你也不是你……你只是一股非常輕鬆的祥和感……你就是一股舒服的感覺。
- 好好地享受此時此刻的安詳與寧靜……持續大約十五分鐘……再張開眼睛，停留在這份空白與舒服裡……。

30、白紙靜心法

- 先選擇一個寬敞舒適的空間，裡面最好能夠有兩公尺以上的空間活動，如果空間不大，至少能讓自己輕易伸展全身的地方。
- 請準備一張 A4 大小的白紙，之後播放一首輕快優雅的音樂，或是輕柔的，你喜愛的流行音樂也可以……。
- 開始練習時將白紙拿在手上……先深呼吸三次……並讓全身放鬆地站著……再慢慢地調整呼吸的節奏……。
- 當覺得思緒慢慢沉澱下來後……雙手拿起白紙，細細地感受一下紙的觸感……厚度……顏色……形狀……味道……以及帶給你內心的感受……保持你的覺醒與覺察，細細地體會一切的發生……。

- 接著慢慢地用食指或中指，頂著白紙的中心點……請試著保持白紙的平衡，不需要急著想讓紙張馬上達到平衡……請慢慢地嘗試找到能讓紙停留在你指尖的方式……同時，保持對內心的覺察……保持內心自然的安穩……。
- 能找到維持紙平衡的時候，試著慢慢移動你的手和身體……嘗試不同的動作變化……並時刻保持警覺性……盡量不讓紙掉下來……。
- 若紙張不慎掉下來……不必驚訝，這不是在比賽……請用非常緩慢地過程……，重新再嘗試……不斷地保持對內心的覺察……專注體會這個活動過程……。
- 大約練習十分鐘左右後，將紙張放在一旁……找個椅子坐下或是站著也可以，閉上雙眼……放鬆身體……將注意力放在感受當下……再持續感受大約十五分鐘……細細地品味當下的一切感受……。

31、樂器與頌缽靜心

- 來自西藏的頌缽，最早是僧人用來化緣的碗，隨著文化與時代的轉變，頌缽的材質因演進而有了實際的功用。在這裡，我們單純透過聆聽頌缽或任何樂器的聲音，來幫助紛擾的心寧靜下來。
- 在練習前，先挑選一個適合發出聲音的地方……因為敲擊樂器會發出聲音，請找到一個不會打擾到他人的地方，再隨意找個舒服的坐墊或地方，將樂器或頌缽放在前方適當的位置。

- 一開始時，先調整呼吸的平順……當覺得內心漸漸安穩時，請用非慣用手慢速地固定敲擊眼前的缽或樂器，創造一個固定頻率的聲音。
- 細細地感受內心期待的節奏，同時感受內心來來去去的感覺，保持對內外一切的感受。
- 在固定的節奏產生時，讓整個心沉浸在內在的感受裡，慢慢地去專心聽著缽或樂器的聲音，感受聲音對內在心理的牽動……全然開放迎接著自己的心……讓全身與心沉澱、放鬆下來……細細地感覺內心所有的變化……。
- 細細地體會輕鬆、愉悅與安定……彷彿全然自在，無拘無束的自由……。

32、想像湖畔放鬆法

每個人都具有想像力，透過適當的語言引導可以讓想像變成影響生、心理狀態的可能。想像式放鬆有各種類型變化，可以大自然的環境作為情境，例如海邊、大草原、藍天等具有療癒性力量的自然場域，也可以是光、能量、溫度、各種外在靈體都可以。

如果是有帶領的導引詞，其引領的詞句其實影響很大，引領的過程在催眠領域中更是有特別專門的訓練，在自己的練習中你只需要盡可能讓自己慢慢地想像，愈慢就愈能細致，愈細緻就愈能身歷其境的感受並帶起內在感覺，請試著去想像一些與生活經驗相符的正向感受即可，整個過程記得盡可能全然投入，積極投入在感受的狀態裡。

- 練習前，先挑選一個舒適的空間……像是一間咖啡廳或是一個平常看書的場所，接著用一個放鬆的坐姿，輕鬆地坐在椅子上……。

● 先將注意力放在呼吸上……嘗試將呼吸調整成自然平順的方式……慢慢地靜下心來……。

● 並且慢慢想像一個讓自己感到放鬆的地方……例如就在一個很寧靜的湖畔邊……無論你有沒有去過那個湖畔都不重要……細細地感受那湖邊的微風……感受那裡的溫度……還有在湖邊的心情感受……。

● 想像彷彿你就在湖邊……仔細地看著風吹的湖水……水波一層一層的盪漾……感受內心因美麗的湖水迎來的放鬆自在……身心也逐漸同湖水清澈與寧靜下來……。

● 輕輕地在湖邊……等待溫煦的陽光露出臉來……讓金色的陽光撒在湖面上……細細地感受陽光帶來的溫度與溫暖……。

● 感覺也許從身體的某一個位置開始……漸漸地全身甚至內心都暖和了起來……彷彿沐浴在剛剛好的暖陽裡……徜徉在陽光溫暖的能量裡……。

● 深深地停留在湖畔邊……看看自己想在湖邊做什麼……感受內心的感覺……感受完全自由輕鬆的自己……。

● 當感覺足夠後，可以慢慢地將注意力回到你的呼吸……在每次吸氣時，彷彿你正吸收溫暖大自然的能量……每次吐氣時，感覺你的身體慢慢變得安穩……宛如整個身心與周圍環境一樣安寧……祥和……。

33、凝視冥想寧心法

凝視冥想法寧心又稱為tratakа法，是藉由持續觀察某一個物體，把思緒引導到這個物體上，在透過專注的過程收攝心神，是六個傳統的瑜伽淨化練習之一。除了可以透過視覺的方式以外，聽覺也是用來收攝心神很棒的「標的物」，因為外在的聲音不是我們能控制的，更可以訓練我們不要主動性的創造什麼，可以讓我們練習在被動中去感知世界。

動物溝通中最困難的地方，就是我們要習慣被動的迎接，但日常生活中的我們總是主動的創造事物或感受事情的發生，不然就是主動的運用各種方式來滿足內在湧現的渴望或慾望。動物溝通與各種運用潛意識的技術都是帶著被動性的臣服，一種將感受全權交由潛意識來決定的過程。請試著多練習被動的迎接，單純去感受所有的發生，無論「標的物」是視覺、聽覺、嗅覺、觸覺、想像、情緒、身體動態感覺、還是內心感受，所有萬物都可以幫助我們回到寧靜的心，創造動物溝通的扎根階段。

- 挑選一個安靜明亮的空間，可以透過一些音樂或是先做一些肢體伸展動作，幫助自己心情平靜下來。
- 開始時，找一個物品或圖案，可能是一個杯子或是一個飾品，將它擺放在能清楚且容易注視的地方，再找一個有著坐墊的椅子，放鬆地坐著。
- 接著，開始仔細觀察自己的呼吸頻率，試著讓呼吸自然平順，之後，將注意力慢慢轉移到剛剛準備的物品上，一直專注的凝視它，直到感覺能把印象刻在眉心一樣。
- 凝視的過程中，當察覺到注意力開始分散時，試著重新將視線集中到這個物體上。
- 倘若眼睛因為疲倦而流下眼淚時，只需要輕闔雙眼，讓眼睛放鬆一下，同時在腦海中保留物體的形象，感覺自己正持續凝視著。

- 當腦中形象逐漸消失時，再次睜開眼睛，重新凝視這個物體，持續重複這個練習十五分鐘。

所有的練習，都需要你讓自己保持在單純的、感受內心狀態的「感覺模式」裡，在自然迎接的狀態裡，是一種被動的、無作為的、完全不需要用力或想要完成什麼，完全沒有主動的在感受當下，全然投入當下，活在此時此刻的感覺。

每一秒這世界都有聲音在發生，每一秒你的呼吸、都可能有不同的風、不同的溫度，包括心底的每一秒都可能有不同的感受在發生，我們只是**單純地迎接每一刻的變化**，是甦醒地迎接所有感受，**不是創造，也不是特地去找到**，而是**跟所有的感受自然相遇**，無作為的感受。

某種程度上是一種臣服，臣服這世界的發生，而不把自己放在最主要的位置。一種帶著耐心地放下，也信任著每一刻自己的感受，沒有批判，全然地信任自己內在的直覺與感受，一種自願性的乾淨，一種純然向內的乾淨，一路掌握著霎那出現的一切，也讓所有的感受來去自如，沒有控制、沒有掌握，更沒有任何的刻意或用力，僅僅只是覺察著內在發生的一切。

每一次讓自己的內心從沸騰、喧嘩到漸漸和緩，過程其實是漫長的，甚至每次獲得資訊以後，心又會隨之浮動，來來回回地再帶自己放下，直到自然而然的習慣。所有靜心的過程，都需要花上一定的時間，雖然不困難，但需要你的願意與耐心。當你覺得煩躁或好像不練也沒差的時候，請仔細地回想當初想要學習動物溝通時，那份初衷與愛，帶著自己好好地慢下心緒進行練習。然後每一次練習你都會發現，還好自己有練習，因為在過程中，你將真正體會放鬆與安定。直到有一天，你也會懂得如何與動物溝通，可以開始為動物們發聲，而在過程中也會體悟到生命中最自然的喜悅與幸福！

莫忘初衷，祝福你！

三 第三步——釋放與淨化情緒

好好花時間去釋放或淨化你的情緒，將注意導向自己的身心，生活許多時刻都會變得清晰而美好。

還記得我們心理派動物溝通的進行方式嗎？我們透過各種方法讓紛擾的意識得以收攝，當靜下紛擾的心後，帶著自己進入一種全然投入的「感覺模式」中，進而開啟潛意識活躍的直覺狀態，以迎接動物的資訊。在上一小節中有提到，這與各種喚起潛意識情節的心理治療方式其實有許多相似之處，都會透過情境或各種科學導引，創造出投入於某一情境的身心狀態。

在心理治療中我們喚起的是過去潛意識的回憶，或各種壓抑下的情感；在動物溝通上，則是訓練自己朝向長時間維持在潛意識活躍的空檔中，迎接動物的資訊。

潛藏習慣，給你帶來的影響

正因兩者之間有極大的相似，所以許多人在練習靜心的過程，過去的內在情緒，或過往經驗中，許多潛意識情節，很可能會在此刻出現干擾你的資訊準確度，甚至讓部分的人連靜下紛擾都變得不容易，更遑論帶自己進入高層潛意識的層次。

心理學家或各類科學家都發現，一般人日常生活中的決定、選擇、習慣，甚至想法，其實都深受潛意識所影響。人類表面上所有習慣、行為與想法，我們都以為是自己當下的自由意識與決定，但其實不然。我們的意識層次就像是浮在水面上的冰山，而沉於水面下的冰山則象徵潛意識，潛意識遠比浮在水面上的意識層次大數百、數千倍以上。

每個人在生活中其實潛藏很多不自覺的習慣，就單以上廁所來說，喜歡上第一間的，即使到不同廁所也會習慣選擇上第一間；喜歡最裡間的，到不同的廁所通常也會選擇最裡面那一間。喜歡有才華的伴侶，在不同生命階段中，也會偏向挑選有才華的伴。

在加入新團體時，習慣先觀察的人，在不同的群體裡也會選擇先在一旁觀察；喜歡被注視的人，同樣地在不同群體中，也會不自覺地想吸引旁人的注意。有的人一生努力證明自己，有的人一生努力避免犯錯，我們每個人都有自己的樣子，而那些樣子不只叫做習慣，更來自潛意識中的各種情節。

在心理學家的眼裡，潛意識中的各種情節多與過去的生命經驗有關，也有的科學家認為跟集體文化、遺傳的記憶等等有關。在動物溝通的過程裡，內在各種還沒解決完的潛意識情節或情結，可能在過程中隱隱出現，進而直接或間接影響靜心的進行。

找到問題，釋放直覺的潛能

一般來說難以開啟直覺潛能的原因多數可能是以下幾種，其中包括：

期待太多、要求太高

期待太多、太急著要進入感覺狀態，容易造成意識的紛擾；也有的人是太怕犯錯，或對自己要求太高，不斷地檢視自己；還有的人是常常出現自我懷疑，懷疑自己到底是否能辦到，或需要時時檢查自己此刻做的對不對，而難以進入高層潛意識；少部分的人是難以安心，總覺得一切不合常理，需要更多證據或安心的力量。當然，過多的思考、判斷或是難以信任直覺的情況，都會影響全心投入與專注的發生，意識沒放下，自然潛意識也無法活躍了。

自動排除接受的資訊

多數初學者，也會有自動排除資訊的狀況出現。很多初學者其實都有接受到資訊，但資訊在腦海出現的瞬間，就會以極快的速度判斷而自動排除各種以為不合理的訊息，這種自動排除的速度可能在零點幾秒之間，就運作進行刪除。這問題出現時，可以訓練自己更靜下來，夠靜的時候資訊便得以分明。也可以多做練習，在練習中你總會接收到更多明顯的資訊，數量一夠你就能理解原來之前刪除的某些資訊可能是正確的，進而慢慢就能體會。

另外，初學的人建議完全接受所有的資訊，重要的是盡量去犯錯，把所有以為不可能的全部記錄下來，你只需要安心去記錄，要練習的是抓住這種感覺，對錯不是最先需要練習或在意的，單純紀錄並信任自己的感受即可，同時，透過不斷的驗證與核對，不怕犯錯就會學得更快。

生理狀況影響潛意識

還有一種原因是生理狀況，除了生病，科學家發現內分泌、睡眠狀態等，都可能造成意識紛擾，影響潛意識活躍度。這一節中關於身體的練習可以協助溝通師察覺自己身體的狀態，資深溝通師在溝通前通常都對自己的身心有相當程度的覺知，初學的你可以多利用接下來的練習活動增加自己身體或感受的敏銳度，進而減少內心的紛擾，增加準確度。

獲得過多資訊影響判斷

練習前得到太多動物相關資訊，對初學者來說也會影響動物溝通的進行。因為過多的資訊，可能使得溝通師心繫那些資訊而靜不下來，進而影響資訊的準確度。解決的方式就是先不要練習自家的同伴動物，也告知練習的朋友先不要告知你任何資訊。

若我們能在真正毫無所知的情況下進行溝通，未來當你愈來愈準確的時候，你也會增加對動物溝通和直覺的信心。不必害怕犯錯，我們在全世界認識的所有知名溝通師中，沒有任何一位會認為自己的溝通都是百分之百正確的，資訊錯誤是非常正常的事，能坦然看待自己的失敗或錯誤更是身為溝通師的素養，美國知名溝通師瑪塔也認為一名溝通師能有百分之八十到九十的準確度就已經算是很棒的了。請你盡可能犯錯吧，當錯的愈多，距離學會就愈近了。

得失心太重容易失準

初期練習時，假如帶著單純的心、沒有太多期待去練習，可能無意間就會嘗到幾次特別精準的機會。精準的時刻總會讓人喜出望外，但精準後的下一次練習，就會特別難以平常心看待，因為你可能會期待能回到上一次的感受，內心也因此紛擾不休。

初學者很常遇到這樣的問題，就是「得失心」。當我們練動物溝通時，**一旦得失心太重，**

就很難專注，更難進入高層潛意識；包括許多溝通師參加亞洲認證考試時，也可能因得失心而影響準確度；但相對的，更表示能通過考核的溝通師已有相當的自信與能力，才能在被檢驗的壓力下，還保持一定的準確度。未來如果你練習時，感覺到自己得失心太重的時候，不必強迫自己放下得失心，如果要求自己不去期待回到之前狀態，其實是不容易的。

人的心理就是這樣，當你想要自己愈不去想，你的意識反而會一直浮現，此刻你需要的不是要求自己放下得失心。對心理機制來說，這是沒有用的建議，你需要的是把心思放在延長放鬆時間上，只需要把注意力拉回，關注自己的耐心，或是放在可被量化的時間或感受上即可。將第一、第二步驟的練習時間與方法都增加，當你延長準備的時間，就可以回到精準的狀態了。

曾被忽略的情緒湧現

最後一種常見的干擾是來自潛意識裡的內在情緒，還有一些深植內心的非理性信念。許多過往壓抑下的情緒或信念常會在練習的時候湧現。

這種情形就像每當我們完成一些重要工作，或是等到放長假的時候，身體就會生一場大病一樣，因為放假前我們都非常投入工作，對於身體可能存有的疲憊、病痛或壓力都沒意會或關照，本來任務結束或放假時規畫要好好放鬆自己，結果反而一放假就生病了。這跟我們日常生活中不太理會內在情緒，等到練習靜心，要排除紛擾進入空檔時，這些被忽略的需求與負面情緒就潰堤湧現，其實是一樣的原理。這時候的你，其實更要花時間好好靜下來。

如果各位在練習時，每當靜下心來，總會有一些過去的畫面或情緒湧現，不是要就此停止練習，反而更需要花時間好好靜下來，好好地去照顧或淨化你的情緒。本篇收錄了世界各地多種釋放與淨化情緒的活動，來幫助你釋放或淨化情緒。這些活動不僅可以淨化情緒，在許多文化中更是被用來淨化自己的身心靈。同時，這些活動因為都幫助人們將注意方向導向自己的身心，適巧人們對於去感受身體狀態是相對容易創造高度專注的，這也使得釋放與淨化情緒的活動能更輕易地幫助人們領會「感覺模式」狀態，而更容易學會動物溝通。

展開練習，淨化你內心情緒

有很多長期練習淨化情緒的亞洲朋友都同樣告訴我，當他們練習到一定程度後，明顯發現自己的心安穩許多，都感覺自己有相當的改變。最多的回饋是覺得自己比以前更滿足與踏實，有時候只是靜靜待在大自然或附近散步，也能體會內在自然的喜悅，感覺生活許多時刻都變得清晰而美好。

老實說，其實不是動物溝通很特別或比較厲害，只是因為心理派動物溝通強調的是——先練習靜下紛擾的心，再深度地往內在探索、迎接來自潛意識的直覺。訓練過程裡各種幫助引領我們靜下紛擾的心，朝向內心探索，以及各種淨化情緒的活動，與多種心理治療技術雷同；但也可以說，其實所有專業走向極致時，都同樣需要緩下腳步、細細地去探索內在，包括世界各地原民文化與許多宗教也都如此。

自我探索與迎接內在並不是一件用理智就能體會的過程，一切仍需你的意願與練習。當你願意花時間好好去探索自己的心，有天便能體會動物溝通，也會體會生命裡更多的美好。現在，讓我們一起開始練習吧！

1、吐納呼吸法

- 當你創造了停止點，也稍微放鬆與安定自己以後，請讓自己保持在自然、輕鬆的狀態……自然平穩地呼吸……並注意呼氣與吸氣時，身體的感受……。
- 請你專注地感受吸氣時，胸口充分吸入空氣以及放鬆的感覺……每一次深度地吸氣時，請感受那股正順著自己循環的流動……更新身體的每一個位置……緩緩吐氣時，去感覺全身放鬆的釋放感……彷彿所有你內在出現的情緒或感受，都隨著吐氣而釋放……。
- 試著全然感受你的身體……全然投入在你的身體上……感受著吸進放鬆、吐盡釋放的自己……。
- 如果出現思考或判斷，都不要緊，只需要回到全然地感受，心無旁鶩的感受自己……自然的吐納，直到全身感到舒服為止……。

2、鼻孔交替呼吸法

- 請找一個空氣清淨或通風的環境，創造停止點後，讓自己保持在放鬆與安定的狀態中坐著……。
- 保持自然呼吸時的速度，並感受你的呼吸節奏……。
- 此時伸出右手的拇指，用拇指輕輕按住右邊的鼻孔，吸氣時只感覺到空氣從左邊鼻孔流入，先深深地吸氣五秒鐘，感覺胸腔充滿了氣體……再緩緩地呼出氣體五秒鐘，感覺肺部所有的氣體都呼出……。

- 接著鬆開拇指，改用食指輕輕按住左邊鼻孔，同樣的用右邊鼻孔深深地吸氣五秒鐘……感覺胸腔充滿了氣體，再緩緩地呼出氣體五秒鐘……感覺肺部所有的氣體都呼出……。
- 試著讓兩邊鼻孔交替進行練習……好好地專注在兩邊鼻孔的呼吸上……重複這個練習十次……每當吸氣的時候，感受新鮮空氣帶給身體許多的正能量……而呼氣的時候，體內一些不好或負面的氣體與能量，隨著空氣而排出體外……。
- 當練習結束之後，輕輕放下右手……再一次透過兩邊的鼻孔，深深地吸氣五秒鐘，感受胸腔充滿了新鮮的空氣……接著屏住呼吸三秒鐘，最後再呼出氣體五秒鐘……重複這個練習十次……。
- 細細地體會過程中所有的感覺，直到內心進入全然地平穩。

3、緊握雙手再放鬆

- 創造停止點後，慢慢讓全身都放鬆下來……此時你可以先試著將手掌抓握幾次……感覺手握拳與張開後的感覺……。
- 準備好時，請將雙手握拳，並盡可能地握緊……握緊……再握緊……再握緊……將心中想到任何感受或壓力事件，全部集中在握緊的拳頭上……握緊……再握緊……。
- 然後逐步繃緊你的手臂……肩膀用力……繃緊脖子……咬緊牙齒……頭皮……胸腔……繃緊

用力……背部……臀部用力……大腿用力……繃緊小腿……腳底……全身用力……直到全身都緊繃、僵硬……然後讓呼吸也一起停在此刻……屏息、用力……。

- 直到需要呼氣時……讓全身從頭到腳，全然、全然地放鬆開來，放鬆全身所有肌肉……全然地放鬆開來，細細地感受到全身上下的輕盈與舒暢……全然地放鬆開來……同時，感受此刻，完全沒有其他念頭的狀態……。
- 連續地進行五次……每一次都感受更全然地放鬆……。
- 最後請放鬆地躺下，全身肌肉會自然地放鬆，接著進入瑜珈大休息式，讓身心整個放鬆下去，讓內心進入全然的平穩。

4、與月共舞法

- 請選一個月亮又大又圓的滿月時分，找一個可以直視月亮且獨處的空間，可以是戶外、陽台，也可以在自家的頂樓。
- 穿著寬鬆的衣服和舒適的鞋子，並且播放一首讓你感到心情釋放的輕音樂。
- 剛開始的時候，一邊聆聽音樂……一邊讓月亮曬著你……同時細細地注意在月光下的你，內心的所有感覺……。
- 大約三到五分鐘左右，請開始隨著音樂、隨著內在的感覺自然律動你的身體……你可以先慢慢輕柔地移動身體……再漸漸地大幅度的隨著內在、隨著月光共舞……。
- 全然地跟隨內在的感受……將內在所有的負面感受順著舞動釋放出去……透過舞動，釋放自己……。

- 直到內心漸漸安穩下來……停留在安穩的感受裡……找個位置好好地坐著或是躺著都可以，感受月光帶給你的感覺……感受自己內在的狀態……無論你要稱為流動、能量還是單純內在的感覺都好……細細地感受自己的內在與安穩的狀態……讓溫柔的月光滋養此刻的你……。

5、溪水洗滌法

- 在適當的時節，挑一個可以泡腳的安全溪水邊，讓自己輕鬆地坐在溪邊的石頭上……並脫下襪子，準備等一下要赤腳放入溪水中……。
- 請先閉上雙眼……感受自己自然、平順的呼吸……聽著溪邊大自然的聲音……感受著大自然帶給你的所有感覺……。
- 當覺得準備好時，請將雙腳放在溪水中，感受一下溪水的水溫……此刻所有的感覺都會集中到雙腳上，別忘了感受自己的呼吸……但不需要控制或調整……自然感受呼吸速度的變化……也感受內在的所有情緒或感覺……。
- 感受溪水潺潺流動的能量……讓自己內在的所有情緒無論好的、不好的，都隨溪水流去……仔細地感受內在細微的變化……假如有任何思緒或情緒都讓它慢慢隨著溪流而去……。
- 讓溪水自然地洗滌你的內心……直到一切變得清晰、寧靜……。

6、腹式呼吸法

人隨時都在呼吸，生命也仰賴呼吸，但多數的我們卻不了解呼吸。世界四大智者古魯吉[1]大

1 被CNN稱為呼吸之神的古魯吉大師發現人在不同情緒或身心狀態時，呼吸的頻率便有所不同，學習覺察並調整呼吸，便可以調整人內在的身心狀態。

師便是教導我們從呼吸來找到生命的喜悅與真理，他創立的「生活的藝術基金會」多年來在世界各地開辦傳授淨化呼吸法，透過正確的呼吸，幫助人們打開鬱結的心，找到一條自我療癒的路，Discovery 也曾對他的事跡做過多篇專題報導。淨化呼吸法對情緒抒發很有幫助，過程有動、有靜，甚至有急促的動態體驗，有興趣的朋友可自行上網查詢。在此簡單分享呼吸法中，最簡單又有效的的腹式呼吸，以及重要的小訣竅。

①：充分呼氣。先做一到兩次充分的呼氣，將空氣從肺部底層排出，使肺部呈現真空狀態，當肺部呈現真空狀態時，下一次吸氣自然需要一個深呼吸，也容易會是一個腹式的呼吸。

②：鼻吸嘴吐。通常用嘴巴來吐氣可以吐出較多的空氣，吸氣時用自然習慣的鼻子即可，透過鼻吸嘴吐來進行腹式呼吸會比較容易上手。如果你很熟練，也可以直接用鼻吸鼻吐的方式進行腹式呼吸。

③：想像氣球。想像肚子裡面，有一顆大大的氣球，你可以配合雙手放在腹部上感覺，當你嘴巴吐氣時，請把肚子裡氣球的氣吐光，感覺腹部的下降；在吸氣的時候，則把肚子裡面那顆氣球的氣充滿，感覺腹部隆起。

④：按壓腹部。如果將空氣吸入腹部對你來說有困難的話，可以在呼氣時一邊輕壓腹部，透過輕壓的方式讓空氣吐得更乾淨；深吸氣時，則讓空氣將手往上推。

7、坐式腹式呼吸法

- 坐在座位上時，自然地坐好，脊椎保持自然狀態，先做一到兩次充分的呼氣，將空氣從你肺部底層排出。

- 再慢慢吸氣，感覺腹部充滿空氣而自然微鼓。
- 然後再輕輕吐氣，同時把所有感受順著氣體一起吐出體外，直到腹部收縮自然凹下為止。
- 再慢慢吸氣，吸進乾淨的空氣與能量感，直至全身，再放鬆還原。
- 最後，請全心投入地感受吸氣、呼氣時的自己，同時保持對內在感受的覺知，直到內心完全平穩……。

8、站立腹式呼吸法

- 站立時，同樣可以進行腹式呼吸動作。請先試著慢慢吸氣……然後輕輕吐氣……先無須調整自己的呼吸，自然地做幾次呼吸即可……。
- 慢慢地想像肚子裡面，有顆大大的氣球……想像到氣球後，感覺一下自己需不需要用手輔助按壓自己的腹部，來幫助腹式呼吸的進行……請隨時保持對自己身體的覺察……。
- 透過鼻吸嘴吐的方式，先做兩次充分地吐氣，將空氣從肺部底層排出……彷彿肺部整個呈現真空狀態……。
- 接著深深地吸氣，將肚子裡面的氣球充滿氣，感覺腹部隆起……順著你自己的節奏，接著緩緩地吐氣……把肚子裡氣球的氣全部吐光……也把內在所有的不舒服或感受都吐出去……同時感覺腹部的下降……以及內在身心一切的狀態……。
- 來來回回地吸、吐……深吸……緩吐……直到一切變得清晰、寧靜……。

9、**自然呼吸法**

- 有些人不習慣用腹式呼吸，就會選擇來自尼泊爾的自然呼吸法。
- 首先請舒展背部的每一條肌肉……用你熟悉的方式伸展即可，並保持對背部的感受……。
- 跟著舒展你的肩膀……用你熟悉的伸展方式，保持對肩膀的感受……。
- 接下來請仔細地感受上半身哪些地方需要伸展，依序伸展你需要伸展的位置……並用你熟悉的伸展方式，並保持對伸展位置的感受……。
- 然後回到你的坐姿，讓上半身保持自然地直立……輕鬆地坐著，也讓胸腔跟著一起放鬆下來……。
- 順著此刻身體的感覺……自然地透過鼻子吸、吐空氣……每一次吸氣時，感覺新鮮的空氣在伸展過的身體中自然循環……細細地體會吸入與吐出後……身體更放鬆的感覺……。
- 你也可以在腹部稍加施力……使吸入的空氣緩慢呼出……你會更清晰地感覺到自己的身體……正在經驗一股淨化般的呼吸……。
- 全神集中在你的身體與呼吸上……觀察自己呼吸的節奏、快慢、深淺……。
- 靜靜地感受吸氣、呼氣時迎來的放鬆或各種淨化感……直到內心清晰而全然寧靜……。

10、**想像能量的吐納呼吸法**

- 吐納呼吸法跟許多呼吸法類似，但需要練習者更專注在想像能量的吐、納過程。
- 找一個不會被打擾的地方，挑選張座椅或軟墊，讓自己能夠放鬆且舒適的坐著……。

- 當準備開始時，閉目凝神……並盡可能放鬆臉部的肌肉……牙齒……與嘴巴……自然地呼吸……並感受自己呼吸時，身心當下的所有感受……。
- 吸氣的時候，無需特別控制呼吸……自然地吸氣並感受胸腔自然充滿新鮮的空氣……同時，想像自己彷彿正吸納周圍的正能量……。
- 吐氣的時候，無需特別控制……想像自己將所有的濁氣與負面的情緒……自然隨著體內的氣體排出體外……。
- 來回吐納周圍能量幾次後，漸漸地能量彷彿不僅來自周圍……彷彿能吸的愈來愈廣、愈來愈遠……甚至好像整個區域……到山區……大海……天空之上……土地之下……。
- 細細地感受每一次吸納、釋放時，無遠弗屆的整座城市、整個區域的能量，以及身體內、外相對的感覺……保持對身心一切的覺知與感受……。
- 甚至……你的身體也不再有任何被限制的感覺……能量是如此自然地來去自如……彷彿你就是能量……你就是安穩的能量……。
- 練習到你覺得全身非常的輕鬆……好像輕鬆得沒什麼感覺一樣……自然地安坐在那……一份完全的平靜感……。

11、日光舒心法

- 找個舒適且平坦的地方，要一個光著腳站在地上也不會感到不適的平地或草地。
- 請脫下鞋子跟襪子，赤腳站立，放鬆自己……。

- 接著慢慢地向前彎腰，頭向下彎，手向膝蓋下方伸直……無需刻意的出力，自然的使身體向前彎即可……當你向前彎時，想像並感受一股不一樣的感覺……可能是往腦部流去的血液，也可能是從肚臍或胸口自然沿伸頭頂的能量……無論那是什麼，單純地感受就好……。
- 幾秒後，慢慢挺直身體……同時慢慢將兩條手臂向上伸到頭頂正上方……掌心向上將手上舉到最高點……並將雙手的拇指相對、食指也相對，圈成圓圈的形狀……。
- 將頭微微後仰，讓自己能輕鬆地從圓圈中看到上方的天空……。
- 每一次深吸氣時，用這樣的姿勢屏住氣三至五秒……再緩緩的吐氣，同時將手臂放下……。
- 來回地吸氣、抬高手臂、摒住呼吸……再緩緩吐氣，放下手臂……。
- 讓太陽晶透的日光自然地照著大地……想像彷彿也照在你的頭頂……請隨著自己的感受，自然地抬手或放下……讓充滿能量的日光照耀著你……淨化裡裡外外的身心……。

12、身體按摩法

- 找一個舒適、私密的空間，穿著輕薄的衣物或是光著身子，讓自己放鬆地坐著……。
- 請慢下心感受自己的身體……同時開始用左手按摩右邊的肩膀與脖子……你可以用你喜歡的方式從頭骨頂端開始，逐漸向下按至肩膀……然後再換邊按摩……。
- 當感覺肩頸逐漸放鬆之後……選擇一顆任何尺寸的球，用背部將球按在牆上，以來來回回畫圓圈的方式來釋放背部的壓力……。
- 當感覺背部舒緩許多……再來將雙手手指放在腹部上，以打圈的方式輕輕地按摩……慢慢地往腹部兩側面按摩……。

- 接著用同樣的方式，按摩胳膊與雙腿……並用手掌包覆著皮膚來回流暢地按摩……讓胳膊與雙腿慢慢熱起來……。
- 用手指輕輕地捏著另一隻手的手指……關節……手掌……你可以用按壓的，也可以用拇指畫圈的手法……。
- 當雙手放鬆後，用同樣的方式按摩腳掌……。
- 最後，放鬆地坐著……感受全身肌肉放鬆的舒適感……讓原本緊繃的身心獲得釋放……。

13、擺動舒心法

- 找一個可以擺動身體大小的適當空間，穿著寬鬆的衣服與舒適的鞋子，讓自己能夠輕鬆地舒展身體……。
- 先將雙腳張開站立與肩同寬，讓脊椎伸直呈一直線，之後做十個左右的深呼吸……。
- 將手放到背後並把手臂伸直、十指緊扣……。
- 當你吐氣時，慢慢將手盡量往上舉高……同時，將注意力放在胸口心輪上，想像胸口有個窗戶，彷彿藉由每次吐氣，把身體的負能量從胸口的窗放射出去……。
- 連續地深呼吸十次後……把手臂放鬆下來休息十秒……再重複做三次……。
- 如果你覺得需要，也可以將上舉雙手的動作換成向左或向右的腰部旋轉……把上半身向右轉或向左轉……記得轉右時，頭也要跟著盡可能往右轉……眼睛平視往後看……向左轉時，同

● 樣腰部向左後轉……頭也要跟著盡可能往左轉……眼睛平視往後看……。
● 最後，放鬆地坐下來……靜靜地享受當下……感受心鬆開來的平靜感……。

14、黑碧璽、赤鐵礦淨化

黑碧璽（黑色電氣石）因具有靜電效應的物理能量，有人說可消去負面能量。碧璽在中國歷史文獻中更有「碎邪金」的稱號，為慈禧太后的最愛，陪葬時還放了顆西瓜碧璽。天然黑碧璽原礦黝黑形似木炭，但其波長較長，日本人證實天然黑碧璽深沉渾厚的能量，可排除身上及空間的濁氣，增加體內能量與循環作用。

另外，被稱為黑鑽石的赤鐵礦，則在東、西方都被認為有護身、淨化與抵擋負能量的功用，其含有豐富稀有的礦物質並自帶磁性，由於產量稀少，所以相較珍貴。在釋放與淨化的練習中，我們也可以借用這兩種礦石的自然力量來幫助我們。

● 找一個能讓自己舒服的空間與時間，並準備好黑碧璽或赤鐵礦。
● 先輕鬆地盤坐或自然坐在椅子上……掌心向上、雙手交疊地放在雙腿中，掌心向上捧著黑碧璽或赤鐵礦……。
● 運用上一節的任一方式，試著讓自己稍微安頓下來……。
● 在安頓下來後，仔細地把注意力放在雙手上……細細感覺黑碧璽或赤鐵礦的重量……質量……觸感……感受黑碧璽或赤鐵礦所帶來的感覺……。
● 想像黑碧璽或赤鐵礦透過手的體溫，產生一股能量或感受……讓那股能量自然地疏通你的身體……釋放掉體內的負面能量或感受……並在它的帶領下，讓阻塞的能量慢慢地排出體外……直到感受到內心的寧靜與安頓……。

15、能量乾浴法（觸療、靈氣治療淨化法）

- 對許多身心靈與神祕學家來說，雙手就是能量的出入口，透過雙手的能量可以讓部分的內在情緒與身心，自然地得到一定的照顧與淨化。
- 首先在適當不會被打擾的地方，自然地站立……並找到自己的停止點……同時稍微地帶自己安定下來……。
- 再將雙手放在胸前，掌心相對……兩掌心彼此保持約五至十五公分的距離……實際距離可依自己決定。
- 閉上雙眼……將注意力完全放在兩掌之間……細細地體會兩手掌心之間的感受……細細地感受兩掌之間可能出現的任何能量或感覺……。
- 當你感受到手部的能量後……請讓雙手掌心與皮膚保持三到五公分的距離……從頭部開始，緩慢而溫柔地將雙手的能量注入你的身體……。
- 從頭部開始，慢慢地注入到身體每一個位置……同時，體會當手經過不同部位時，身體或掌心不同的感受……。
- 如果當有些感到不適的地方，請將雙手停留久一點……讓雙手的能量自然地紓解內在的一切……直到全身都舒服為止……。

16、內在撫慰法

- 找一個安靜的空間，一張有靠背的椅子，開始你的停止點練習，並稍微放鬆與安定自己……。
- 先舉起代表過去的左手，放在胸口心輪上；再把代表未來的右手，放在肚臍上方的臍輪上……。
- 接著輕輕地閉上雙眼，放慢呼吸的節奏，緩緩地吸氣，緩緩地吐氣……。
- 將注意力放在雙手與身體的感受上，想像雙手自然地滲透一股撫慰的能量……一點一點地療癒……淨化心靈……。
- 直到內心逐漸地感到平靜與安穩……然後停留在這舒服的寧靜裡，至少十五分鐘……。

17、月亮連結法

- 選一個滿月時分，這一次你不用太大的空間，只要放得下一張舒服的椅子，可以直視月亮且不被干擾的地方即可。
- 穿著寬鬆的衣服，放鬆地坐在舒適的椅子上……並稍微調整呼吸……找到平順、自然的呼吸節奏……。
- 張開雙眼，仔細地凝視皎潔的月亮……想像月亮有一條發光的能量線，照射著你的眉心、胸口和肚臍……在印度文化裡，那代表著人的眉心輪、心輪和臍輪，也代表你的身、心、靈此刻正與月亮連結在一起……。
- 請持續地凝視月亮、與那條發光的能量線……彷彿全身浸在月光的能量浴中，讓月光的力量慢慢滲透你的全身，淨化你的內心……請保持專注，專注地感受身體內在與月亮帶給你的能量……直到全身每一處都感覺到平靜的力量……。

18、淋浴淨化法

- 當你覺得內心感到靜不下來時，可以透過水的熱能與觸感，幫助自己淨化與釋放……。
- 可以穿著衣服直接進行……也可以順便連同洗澡一起進行……如果你從沒試過穿衣服淋浴，會建議你試一次，穿著衣服淋浴會讓你特別有一種釋放的感覺……。
- 打開蓮蓬頭後，調整至適當的水溫，讓水柱從頭頂流經全身……找到在水柱下可以自然呼吸的狀態……。
- 保持對身體的感知……讓溫暖的水柱將全身徹底地沖刷與洗淨……同時全然地感受自己的身體與心……讓任何的負面感受都隨著熱水流逝到下水道去……。
- 同時，打開自己的身心……迎接水柱中的熱能量，讓全身充滿舒服的熱感……。
- 如果你要順便洗澡，請記得將注意力集中在清洗的部位……想像在清洗的同時，也在淨化每個部分多餘的能量……。
- 接著徹底清洗身體容易忽略的部分……包括指甲縫、口腔、鼻孔、髮鬢至根部、兩耳內外、腋窩、臍孔等部分……。
- 藉著清洗身體的同時……也洗滌了心靈……淨化了自己……並在洗澡後保持一段寧靜的時間……讓身心再次回到寧靜舒適的平衡狀態……。

19、煙薰淨化法

- 不同的文化信仰有不同的煙薰淨化方式，其中以鼠尾草、淨香末、除障香最為常見。
- 準備方式：如果使用鼠尾草，可以先準備好燃燒用的容器和三到四片的白鼠尾草；如果使用淨香末或除障香，請準備一個淺碟狀的爐或碟，以耐高溫的材質為主，在挑選淨香末或除障香的時候，選擇能讓你放鬆且味道不濃烈的種類，用量的多寡視需要使用的時間而定。
- 燃燒方式：使用鼠尾草就請抓著葉脈，點燃葉片後立刻揮動讓火焰熄滅，此時鼠尾草會開始冒出濃烈的白煙，將燃燒的鼠尾草，從頭頂開始順時針繞身體轉八圈；使用淨香末或除障香的話，請在底部鋪上一些香灰，灰與灰之間會有空隙，空氣可以進入，上面的燃香才不致缺氧熄滅，鋪上一些香灰後，再取適量的淨香末或除障香置於香灰上，請直接點燃，慢慢產生白煙。
- 讓白煙從身體的正面薰下來……然後換身體的另外一面……薰的過程請保持對內在的覺察與感受……感覺自己哪些部位需要停留久一點……慢慢地專注在薰到的每一個位置上……直至感覺到所有部位都舒適、輕鬆為止……。
- 然後試著找到自己的停止點，稍待安定心神，感受自己的身心狀態……。
- 之後，可以將其移動到想淨化的空間，讓燃燒後的味道慢慢充滿整個空間，最後再將窗戶打開，讓空氣流通。也可以將除障香放進過濾袋裡，放入浴缸，加入熱水中調和水溫進行梳洗淋浴，相傳能舒緩精神、淨化除瘴……。

- 當你要進行空間淨化時，請帶著讓空間所有存在一同淨化的祝福心意。既然要成為一名動物溝通師，就從這裡開始學習平等與愛的心意，請千萬不要懷著任何驅趕的心，因為無論有沒有所謂靈體的存在，帶著驅趕的心，還沒淨化前都已混濁了我們自己。
- 進行空間淨化時，保持你的直覺感……並保持對直覺的全然信任……試著感受在這空間中要放在哪裡薰最好，就把盤子放在那裡……淨化空間時，你也可以進來空間感覺看看，覺得夠了再停……只要順著內在自然的直覺即可……。

20、簡易淨化法（海鹽跟精油的做法）

①使用海鹽的做法

- 請先找到自己的停止點……同時使自己放鬆、安頓下來……試著打開自己對內在的感覺……全程仔細地感受每一個動作與每一刻內心的感受……。
- 當你準備好後，請將一茶匙的海鹽倒在手心裡，開始輕輕搓揉……同時細細地感受此刻觸感與內在所有的感覺……。
- 接下來使用右手掌心去按摩左手手背三十秒，之後以相同方式，按摩另一手的手背……。
- 接著再用流動的水將海鹽洗去，並在過程中細細地感受……讓海鹽將負面能量帶走……。

②使用精油的做法

- 準備兩百五十毫升的噴霧瓶，盛八分滿的清水，再滴入十滴精油，用力搖晃使精油與水充分混合，可用相同比例做調配。

• 接著按壓噴霧三到五次，噴向空中，然後站在下方閉上眼睛，讓水霧落下在身上，仔細感受精油的香氣。

• 想像香氣慢慢圍繞在身邊，隨著每次的呼吸，都帶走了一些不舒服的感覺……將心中的負面情緒完全釋放在空氣中……。

21、加強淨化法

• 同樣請先找到自己的停止點……同時帶著自己放鬆、安頓下來……試著打開自己對內在的感覺……全程仔細地感受每一個動作與每一刻內心的感受……。

• 可以準備五十公克的海鹽，將海鹽倒入裝滿熱水的浴缸中，並攪拌讓海鹽融化於水中……如果你沒有浴缸，也可以用臉盆裝熱水代替。

• 讓全身浸泡在海鹽水裡……好好地讓海鹽的能量淨化你身體的每一處……你也可以使用毛巾沾臉盆的海鹽熱水來輕輕擦拭臉部……然後脖子……身體正面……背部……手臂……雙腳……。

• 過程中細細地感受身體每一個位置……比較沒有那麼舒服的地方就讓毛巾停留久一點……透過海鹽的力量幫助你將負面能量轉化或帶走……。

• 如果可以，請好好的浸泡在浴缸中至少二十分鐘的時間……讓海鹽吸取、淨化身體中所有多餘的負面能量……。

• 艾草加芙蓉的使用方式雷同，唯一不同的是海鹽要融於熱水中，請先將水煮滾後，再將艾草與芙蓉放入熱水中一同煮，煮到水的顏色明顯變化後，再放入浴缸使用。

22、空間淨化法

- 先準備數個白色或透明的碗，隨著自己的直覺，放置在想要淨化的空間角落。
- 接著將海鹽倒滿每個碗，並分別放在空間的每個角落，若角落放著家具，可以試著移開，倘若無法移動，可以放在不太影響動線的角落家具旁。
- 透過海鹽吸取空間中的負面能量，清淨空氣，等到三天後，再把海鹽倒入馬桶或洗手台沖掉。
- 艾草加芙蓉的方式同樣放在直覺認為需要放置的位置即可；各種鹽燈或淨化空間之物使用方式都雷同，各位可自行參考。
- 也可以挑選杜松、檸檬、雪松等精油，加入四到六滴的精油到擴香儀中或擴香石上，營造出清新又溫暖的氛圍。
- 或試著在拖地時加點精油，在房間的各個角落滴上一到兩滴精油，來完成空間的淨化。
- 透過散播在空間中的精油分子，淨化房間中的空氣，潔淨、平衡空間中的氣場與能量。

23、想像式淨化法——光的瀑布

- 全世界的原民文化或宗教中都有運用想像的技術，同樣在心理諮商領域裡也有使用積極想像來療癒內在的方法，雖然各文化用的名詞不同，但其實都是運用積極的想像力來創造內在的改變。本練習是《光的課程》裡其中的一種想像式的淨化法。
- 選擇坐姿或站姿都可，找到一個自己當下覺得適合的姿勢就好……保持輕鬆地感受呼吸……

慢慢地讓自己安定下來⋯⋯。

- 輕輕地閉上眼睛⋯⋯慢慢地想像並邀請一道巨大的光瀑布⋯⋯明亮的光⋯⋯緩緩地從天空上臨降下來⋯⋯彷彿像光牆或瀑布一樣光亮而巨大的光⋯⋯從上而下的照耀著你⋯⋯。
- 當光照耀下來時，細細地感受自己被照耀的每一個位置⋯⋯每一處肌膚⋯⋯每一顆細胞⋯⋯都因為光的能量而淨化且甦醒⋯⋯清晰地感受內在的變化與各種感覺⋯⋯。
- 全然地投入在光的照耀裡⋯⋯甚至身體都融入光中⋯⋯彷彿你就是光⋯⋯你就是光亮⋯⋯。
- 仔細地感覺你就是光⋯⋯沒有其他⋯⋯就是如此的光亮⋯⋯直到慢慢地回到你的身體⋯⋯細細地感受整個過程⋯⋯好好地停留在此刻的平靜與乾淨裡⋯⋯。

24、想像式淨化法——光球能量

- 請先帶著自己找到自己的停止點⋯⋯選用一種放鬆的方式讓心稍微安定下來⋯⋯。
- 找到一個自己當下覺得適合的姿勢⋯⋯保持感受⋯⋯輕鬆地呼吸⋯⋯。
- 閉上雙眼，雙手合十置於胸前，然後緩緩地向上高舉伸直至頭頂上方，之後雙手掌心相對，雙手彼此分開與肩同寬。
- 想像雙掌之間有顆明亮燦爛的白色光球⋯⋯巨大光亮的白色光球就在頭頂、雙手之間⋯⋯同時感受一下這顆光球帶給你的感覺⋯⋯。
- 順著自己的感覺，慢慢地讓雙手以非常緩慢的速度往兩旁張開⋯⋯而耀眼的白色光球漸漸地擴大⋯⋯逐漸地愈來愈大⋯⋯愈來愈亮⋯⋯慢慢地將你從頭到腳的完全包覆著⋯⋯。

- 仔細地感受當下整個人被閃亮、厚實的白色光球包覆著……將你整個人完整地保護著……請細細地感受此刻被保護的感覺……直至心中被淨化至幾乎進入沒有任何感受的狀態……。
- 最後，以感恩的心感謝這巨大的光球……再讓光球自然地消散……並維持你此刻寧靜、安定的狀態……。

25、擴大療法——紫色火焰

在擴大療法系列中，有許多紫色火焰的相關冥想。對於擴大療法或紫色火焰其他運用方式有興趣的朋友，可以再自行上網搜尋或參與相關課程學習。

- 進行紫色火焰的邀請前，請先帶著自己找到停止點與安穩的狀態……讓自己的心慢慢放鬆而專注下來……。
- 再找到一個自己覺得適合的姿勢……站著或坐著都可以，保持內在的清明感受即可……。
- 接著請你仔細地想像並邀請一道巨大的紫色火焰……一道帶著紫色之光的巨大火焰……。
- 在你的心底深深地向紫色的火焰表達你的感恩……帶著覺知的感受……感受內在此刻所有的感覺……。
- 迎接並慢慢地走進紫色的火焰中……讓紫色的火焰幫助你把從頭到腳的每一個細胞都被淨化與更新……。
- 仔細地感受此刻身心被淨化的感覺……細細地沉浸在這道來自遠古的紫色火焰……。
- 直至心中覺得全然被更新與淨化，進入全然舒服的狀態為止……。

● 最後，以感恩的心迎送這紫色的火焰離開……並維持你內在的舒適與安定……。

26、亢達里尼靜心

奧修是一個世界傑出的智者與思想家，他發明了非常多種動態型的靜心或淨化方式，幫助了世界各地很多的人。亢達里尼靜心（Kundalini Meditation）與下一個動態靜心可以說是奧修靜心中的「姊妹靜心」。練習前，建議先上網搜尋相關視頻與音樂做為練習依據，這樣可以幫助你更正確地體會並達到淨化與放下紛擾的功效。

所有的動態靜心在前面階段都需要完全沈浸、投入於「動」的裡頭，當你愈極致的讓自己處在「動」的狀態下，自然可以幫助融化原本的習性和一直被壓抑、阻塞之處。在我的經驗中，動態靜心是一種很適合現代人，非常有效進入淨化自己與進入空檔的方法，透過動態靜心的活動可以讓你放鬆、放下一切，更可以運用在動物溝通裡。

● 階段一：十五分鐘

雙腳與肩同寬，雙膝微蹲，雙手自然下擺……完全地放鬆身體……僅透過膝蓋在彎與微伸之間，創造全身的震動……雙腳站牢不離地，讓整個身體開始振動十五分鐘……全然地投入在全身的震動裡……你需要的只是全然地投入……拋開你的身體，去成為那個震動……，同時保持對身體所有的感覺……。

● 階段二：十五分鐘

你可以閉上眼睛盡情地感受內在的自己……全然投入地自由舞蹈……以任何你想要的方式舞

蹈……跟隨自己的心，跟隨自己的身體……讓身體按照他想要的方式進行舞蹈……。

- 階段三：十五分鐘

在音樂的停止下，完全靜止你的身體……保持雙眼閉上，坐著站著都可以……這階段請完全停下來……觀照所有內在、外在一切的發生……。

- 階段四：十五分鐘

進入瑜珈大休息式……好好地停下自己……細細地停下十五分鐘，全然地享受這十五分鐘的自己……。

27、動態靜心dynamic meditation

進行動態靜心（dynamic meditation），所有的注意力都是放在自己身上，整個過程都請閉上眼睛或戴上眼罩，忘掉其他所有的人，讓注意力帶回自己內在。動態靜心在奧修村裡是早餐前做的靜心，因為需要大量的舞動，所以進行前最好不要進食，穿著寬鬆、舒適的衣服並準備好替換衣物。

如同所有靜心的過程，不論做什麼，都盡可能保持你清明的覺知與感受，觀照著你自己。所有的進行盡可能快速、盡可能深，運用你所有的能量去呼吸，同時保持你清明的觀照。

- 階段一：十分鐘

只用鼻子呼吸，把焦點放在吐氣……不需要理會你的吸氣，你的身體自己會處理吸氣，盡可能地混亂……盡可能地快速……盡可能地深……盡可能地強力吐氣……當你發現自己的呼吸落入某種慣性模式時……請立刻打破那個慣性呼吸模式，你可以用雙手夾胸的方式，幫助呼吸更加快速且混亂……讓自己彷彿整個人就只剩呼吸……讓自己呼吸到完全的全然……你會感受到能量不斷在體內地堆積，不斷的堆積……就讓你的能量不斷的堆積……。

- 階段二：十分鐘

在第二階段中，配合音樂全然地爆炸開來……每一次在動態靜心的這個階段時，我都覺得此刻所有人的叫聲就彷彿身在地獄一樣……我的意思是，在這個階段所有的人在此刻會帶著自己把所有內在需要發洩的一切……通通釋放出來……嘶吼、尖叫、怒吼、大哭、捶打、狂跳、抖動、滾動、唱叫、大笑，這一階段就是徹底、全然釋放你自己……完全不要停下來……不要理會理智……全然地迎接所有的內在……全然地進入，完全釋放你自己！

- 階段三：十分鐘

雙手高舉，手掌自然張開，有意識地帶自己上下跳躍……跳的高度不用高，微微跳離地面就好……每一次往上跳時，直接用丹田或在內心發出「或」的聲音……每一次落地時，整個腳掌同時接觸到地面，不要單純墊腳尖跳躍……這個動作要持續十分鐘……後面的時候會很疲憊，請你盡全力撐住十分鐘……疲憊時可以減緩跳的頻率，但請不要停下來……用盡你所有的能量……。

- 階段四：十五分鐘

STOP！不論你此刻姿勢如何，當時間一到或聽到領導者大喊 STOP 時，立刻凍結在此刻的狀態……不要試圖以任何方法去調整自己……在動態靜心的概念裡，此刻任何事情或移動都將干擾能量的流動……請你單純就是停在此刻……單純的觀照所有內心正在經驗的一切……。

- 階段五：十五分鐘

一種慶祝的感覺……帶著慶祝的感受，盡情地投入在這十五分鐘的自由舞蹈裡……讓整個身心全然地進入感謝的狀態……感謝這一切的存在，感謝所有的存在……帶著喜悅、也帶著無比的感謝……。

- 在結束五個階段後，你也可以加入一次大休息，好好地停下自己……細細地停下十五分鐘去感受自己……很多時刻的體會，都是在大休息的過程中從你的潛意識裡湧現……盡情享受你的大休息……好好的感受內在全然平靜而安頓的自己……。

28、回歸自然法

- 穿著寬鬆的衣服與舒適的鞋子，去一個讓你覺得舒服的河邊或海邊……。
- 放鬆地坐在地上……將背部自然的直立但不需刻意出力……對著河邊或海洋，感受當下的涼風吹拂……。
- 將眼睛閉上，雙手放鬆地放在腿上……聆聽著水流的聲音或海浪聲……仔細地感受當天的陽光或是微風……。
- 當你的心漸漸穩定後……觸摸大地……或整個身體直接躺下來……。
- 細細地感受全身的肌肉、骨頭與大地互相連結著……感受大地的穩定與踏實……讓自己的心也漸漸安定下來……自然地將所有需要釋放的都交由大地……直到整個人完全的乾淨、完全的清靜下來……。

29、哈欠釋放法

- 這個方式很簡單又很快速，只需要盡可能地、刻意地打十個哈欠。
- 找一個你覺得適合的空間，就可以開始進行。
- 先大大的張開你的嘴巴，同時張開你的手臂，深深地打一個哈欠，完完整整的哈欠……。
- 接著，再打一個哈欠……並且持續下去……。
- 你會發現前幾個哈欠比較好打，後面的哈欠需要你刻意帶著自己，也需要一點醞釀……。
- 請連打十個哈欠……剛你打完每一個時，都會感覺到自己神清氣爽……整個過程保持對自己的覺知……。
- 當打完十個哈欠時，深深地停留在此時此刻……感受身體的釋放與輕鬆的感覺……靜靜地坐一會兒……享受此刻全然釋放的幸福感……。

30、回到初生子宮裡

- 找一個安靜的獨處空間，並準備一個柔軟的坐墊，將燈關掉……。
- 剛開始先閉上眼睛，膝蓋彎曲……雙手放鬆地放在胸前……並把頭低下，讓整個身體像嬰兒般一點慢慢地捲曲起來……。
- 以一種放鬆的姿勢坐著……倘若膝蓋彎曲無法放鬆坐著，可以改用盤腿的姿勢……。
- 然後開始想像你回到母親的子宮裡……子宮裡面是一個全然安心、能安全保護你的地方……

此刻的你，就在母親的子宮裡……完全地被包覆，完全地安全……。

- 感覺自己在此刻全然地被關愛與照護……將所有內在的情緒都交給全然保護你的子宮……直到身體愈來愈放鬆……心也愈來愈寧靜為止……。

31、展臂呼吸法

- 練習前，找個熟悉安心的地方，挑一張可以讓自己舒適放鬆的椅子坐著……。
- 準備開始時，慢慢閉上雙眼……並將雙手輕鬆的垂放在丹田上（肚臍以下）……。
- 每當你吸氣時，感覺胸腔充滿空氣而向外擴張……同時將雙手移到胸前，用手掌去感受肺部擴張的感覺……。
- 然後屏住呼吸，在心中開始默念一、二、三、四……。
- 接著釋放般地將手臂向前伸直、伸展出去……也順著動作將空氣與內在感受都呼出去……直到感覺肺部裡面所有的廢氣都呼出了……再重複同樣的吸氣、展臂吐氣……。
- 練習的時間試著維持十五分鐘以上……過程中，請靜靜地覺察呼氣……與吸氣時……所帶來的釋放與輕鬆……。

32、生命初始，臍輪按摩法

- 找一個私密、安靜的空間……讓自己放鬆地找到停止點與平靜……。
- 當心神比較平穩後……慢慢將眼睛閉上……搓熱雙手，感受雙手的熱能……
- 把溫溫的雙手掌心疊放肚臍臍輪上，以逆時針方向輕輕地按摩……約兩分鐘的時間，仔細地感受雙手帶來的溫柔觸感……以及身體接收的舒適感……。

- 按摩兩分鐘後，讓雙手就停放在肚臍上……想像雙手給予更多的溫暖與關注……感受生命的初始臍輪此刻一切的感覺……讓心也慢慢被照護而沈澱下來……保持這個過程至少十分鐘的時間。
- 接著將左手中指的第一節指腹，輕柔地放在肚臍孔上……再來將你的右手掌心，輕放左手上……。
- 想像代表心輪的左手中指，彷彿心輪與生命能量的初始肚臍……深深地彼此相融撫癒……讓全身平靜而被照護著……直到全然地舒服……完全地安撫……。

33、經文淨化法

- 選擇一個你覺得神聖而且寧靜的適當空間……找到自己的停止點……讓自己的心有些安頓的感覺……。
- 恭敬地打開你所信仰的宗教經典，或此刻直覺想要念誦的任何經文都可。
- 接著向你信仰的神，恭敬地用你的方式禮拜……再以自己耳朵能聽到的音量大小唸出經文……念誦經文時速度不重要，請細細地感受並體會經文中的故事，或全然投入其內含的涵義……念誦經文時，透過經典讓自己的心進入經典想傳遞的感受……請念得慢一點……讓整個自己都身歷其境……或進入經文的涵義中……。
- 透過聲音的震動與情境的感受……讓自己的心更全然地投入與感受……讓經典的文句自然地

淨化你自己……直到你覺得全身安穩……心靈平靜……。

- 好好地停在平靜的此刻……細細地從心中表達對所有一切的感謝……。

34、教牧諮商，靈性治療冥想

- 選擇一個你覺得神聖而寧靜的適當空間……將你所信仰的雕像或照片放到你的面前，或移動位置就到祂們的前面坐著……。
- 首先請找到自己的停止點……調整身心，找到屬於你的寧靜感……。
- 用你覺得恭敬的方式，張開眼睛看著雕像或照片……仔細地看著……並感受正看著照片裡頭的祂……當你想要的時候，可以閉上眼睛，彷彿雕像裡頭真正的祂就在你眼前……仔細地感受祂帶給你的感覺……。
- 將內心想要說的任何心事，告訴眼前的祂……全然地向祂表達你內心的話……。
- 細細地感受祂想回應你的一切……純然地經驗此刻……完全地投入在你與祂的世界裡……。
- 如果你需要，你可以採用教牧諮商裡常用的方式。在神的同意下，將你的心與神的心交換……讓你的心給神好好的照護……讓你的身深深地被神的心淨化……細細地體會神的心……細細地感受當下所有的一切……至少十至十五分鐘……。
- 當你覺得足夠時，讓已被淨化的心慢慢地回到你的身體……讓神的心自然的回到神的位置……仔細地感受所有的一切經過……好好地沉浸在此刻的感覺裡……。
- 再一次從心中表達你此刻想要表達的一切……並仔細地聆聽祂的回應……。

- 深深地用你的方式表達感謝與致意……並用你的方式讓你自己與祂都回到本位……最後請好好地停留在這一刻……停在全新、淨化後的這一刻……至少十分鐘……。

在本篇的釋放與淨化中，我們透過各種的方式或想像，幫助內在的感受得以清理與釋放，讓疲憊轉為純淨、舒服與輕盈，整個過程中你可以自由使用三個階段的所有方式，一開始可能不太適應或覺得不自然，經過兩、三次練習後，你就會慢慢上手找到自己的節奏了，只需要輕鬆地讓一切自然發生就好，好好的放開多年來的束縛。

人放在一個框框裡，就成了一個「囚」字，好好的讓自己擺脫束縛，離開你的框架，讓一切自然來去，自然發生。假如你目前同時有在接受精神治療，我建議在練習前，尤其是動態類的活動，你可以把書拿去跟你的醫師做些討論，徵詢醫生的專業意見，也許會更能幫助你找到深層的寧靜與安定。

四

第四步——迎接與記錄一切

自然的去迎接內在的直覺感受，放掉像大人一樣總是衡量利弊得失的習慣，單純的活在當下。

每一步驟都有各自的關鍵，第一步驟需要的是一份決心；**第二步驟需要的是耐心**，耐心地去練習放下習慣的思考，耐心地練習放下習慣的主動，耐心地停留在無為的被動狀態，耐心地只單純看著「河水裡的魚」來來去去；**第三步驟要迎接並釋放情緒時，需要的是安心**，而能夠創造安心的，是一份不去批判的信任與信心。

當你扎實的學會了前面的步驟，你的心已進入了乾淨的狀態，這代表你已放下了紛擾的意識，而能體會全然投入的專注。此刻進入第四步驟的你，也進入練習「迎接內在的直覺」的階段。在這階段中，你所需要的是延續你的信任與安心，同時保持在前兩步驟所創造的專注與全然投入中，然後不怕犯錯。**不怕犯錯就是這步驟的關主**，好的溝通師擁有一顆安穩、不怕犯錯的心，既使外頭或你的意識層風風雨雨，好的溝通師仍清楚自己在做什麼，並且全然地信任、跟隨自己的心。在這個階段練習迎接直覺的你，請儘管去犯錯，錯的愈多學的愈快。跟隨你的心、迎接你的高層潛意識，迎接你的直覺就好。

單純迎接你的直覺

直覺也稱為第六感，與直覺相對的就是邏輯、思考。在我們小的時候，沒有那麼多的「應該」或「必須」，因為沒有那麼多教條與限制，我們可以活在無拘束的世界裡，我們會想像很多有劇情的故事，會玩家家酒，玩各種想像式的角色扮演，也很自然地迎接所有感受與直覺，做什麼事都發自內心，不會覺得自己忽然的靈感或直覺有什麼不合理，很多人只有在小孩子的時候有經歷特殊經驗，但到長大就消失了。

長大以後，很多人會灌輸我們：這樣不可以、不切實際、沒有用、賺不到錢之類的思想。於是，我們會以為很多來自內心的負面情緒，都不應該出現；所有自然的直覺，都被視為無稽與無用，所有創意與發想都要先考量有沒有經濟效益。讓現在的我們，成為一個忘了兒時單純快樂的人，也忘了原來一草一木都是如此的美好。成為一個只記得要有效率、要活的讓人喜歡、要活的有用、有幫助、能賺錢的人；也忘記了原本真正讓我們感到滿足的，是與寵物、家人、朋友相處的每一刻，甚至忘了自己的情感，忘記照顧自己的情緒。

假如你是初學動物溝通的朋友，**可以先從情緒訊息開始迎接**，不必去思考為什麼會有某些情緒，**也不必須思考這情緒來得合不合邏輯，情緒就是情緒，單純地迎接你的直覺情緒**是初學時最容易上手的。這可以讓你更迎接自己的感受，在直覺的世界裡，記得全然信賴你的感受就好。

直覺訊息的特徵

當然不只是情緒訊息，此刻你也可以仔細地注意所有得到的每一個想法、印象、情緒、感覺、記憶、圖像、意象、意圖、話語、聲音、期待或各種身體、心理感受。當你得到任何資訊，請立刻記錄下來，這一步驟你所需要做的，就是一五一十的記錄下你所有得到的感知流。不要理會你的理性思考做了什麼判斷，請不要自動刪除所有的蛛絲馬跡，請把所有一切合理與不合理的統統記下來。尤其當你得到一些覺得不合理的訊息時，請千萬立刻記錄下來，因為這正是直覺訊息的特徵之一。

直覺訊息的特徵可分為四種：

1、壓根不會去想到的訊息

如果你感覺到一個你認為不是你會想到的、從來沒看過的地方或圖像、從來沒見過的動物或物件，總之如果是你壓根不會去想到的訊息，那很可能就是直覺的資訊。

2、覺得特別不合理的訊息

如果你感覺到的是你覺得「非常不合理的」訊息，那很可能就是直覺的資訊。有一次跟一隻烏龜溝通，忽然影像中出現了粉紅色的泥狀物，那泥狀物看起來很像嘔吐物，但在情緒上能感覺到，當那隻烏龜看到這粉紅色嘔吐物時內心是欣喜的。可是對接收資訊的我們來說，食物卻像嘔吐物實在太不合理了，雖然沒養過烏龜，但顏色感覺也太不合乎常理。當下雖然覺得不可思議，但此刻就是要信賴自己的直覺，把資訊一五一時的記錄下來再與飼主核對。後來再核對時才知道，原來烏龜飼料本來是綠色，下水泡過後就會變成粉紅色，而這正是那隻烏龜最喜歡吃的飼料。

當有一天你接收到任何覺得「非常不合理的」訊息時，也請如實的記錄下來。我們當然知道因為那些資訊實在不太合理，你的內心會害怕犯錯，但那很可能就是直覺的資訊。

3、身歷其境或無比肯定的訊息

如果你接收到一個「不知為何就是非常確定」的資訊、一種「說不上為什麼，但就是絕對肯定」的資訊，或是有一種覺得「毫無疑問」的感覺時，這很可能就是直覺資訊的特徵。當你回過神想用理智判斷的時候，可能會出現「我怎麼可能能如此確定」的懷疑，但當下接收訊息時，就是感覺無比肯定，或是當下接收訊息時，忽然彷彿整個人「身歷其境在現場 LIVE 一樣」直接感受到的資訊，如果你接收有這樣特徵的訊息，請千萬記錄下來，這正是直覺訊息的特徵之一。

4、立刻閃現的即時訊息

也許在你才剛接到電話，電話那頭正跟你說想要預約時，你腦袋立刻閃過了一些畫面，此刻請不要懷疑，記錄下這立即出現的訊息。如果用理智去判斷，你可能會想：「我連對方要溝通的是貓、是狗，還是老虎都還不知道，怎麼可能就開始有影像了。」沒錯，所有運用潛意識的活動都不是能用理智、邏輯去思考的。如果接收到一些立即出現的訊息時，只要全然相信你的直覺就好。

當然我們都會懷疑，真的要全然相信自己的直覺嗎？難道直覺不會犯錯嗎？親愛的夥伴，直覺當然會犯錯，甚至每次溝通都會有錯。放下你的完美主義，此刻需要在意的，是先去熟悉全然投入的感覺是什麼，去熟悉全然信任自己的感覺是什麼，去熟悉自然地迎接直覺是什麼，這些才是此刻最重要的部分。當擁有了這些基礎後，透過核對的結果，去反推之前收到正確資訊時，當下的身心狀態是什麼，在多次回推接受到正確資訊時的身心狀態後，你就會帶著自己回到那「正確的時刻」這就是提升準確度的關鍵方法。但此時此刻的你，只需要練習迎接、信任你的直覺就好。

放下預設，別受限於一般思維

從上面直覺訊息的特徵我們會發現，動物溝通或任何運用潛意識的活動，都不是能用理智、邏輯去思考的。當我們用邏輯思考時，會覺得「根本還沒邀請動物，怎麼可能就開始溝通了？」「我根本還沒調頻，怎麼可能就接到資訊了？」「溝通至少是邀請『到來』才可能開始呀」「空間都沒有淨化、也還沒做任何事前準備，這訊息不可能正確」……如果用理智去思考，你會得到很多的疑問。甚至，也人會告訴你：「如果多人同時跟一隻動物溝通，不但會連不上線，而且動物也會來不及告訴你資訊，而獲得錯誤的資訊，要不然就是告訴你動物會不耐煩」。

老實說，動物溝通不是在這些正常邏輯的思考下能理解的，**要學習動物溝通，你需要的就是放下預設**。我們的實體課程，就是現場直接邀請全班同學，同時與同一隻動物進行溝通。當下只提供同一張照片與姓名，沒有其他資訊。在接收資訊後，打電話給飼主，立即核對全班的共同資訊。過往每一場次的精準度都在百分之七十五至百分之九十左右，也沒有動物來不及告知資訊或不耐煩的情況發生。其實這也不難理解，就像所有人去教堂或寺廟時，大家都是同時跟神溝通，這不是因為神的法力高強就不會錯亂，是因為當我們以為動物會錯亂，或以為動物會來不及回應時，就已經是一種用理智跟邏輯在思考的過程了。

也因為動物溝通無法用一般思維來判斷，加上可能有人會用一些模棱兩可、籠統的答案來回答，或是從飼主的反應或提問中，抽蛛絲馬跡來回應，這也是動物溝通有時令人感到詬病的地方。所以，亞洲各地溝通師才會一同建造出亞洲通行的嚴格考核機制，透過聯合認證讓全亞洲的華人消費者都能安心預約，也透過這嚴格的認證與平台，讓真正有實力的溝通師能更出眾，進而被認同，甚至成為亞洲區講師，到各城市授課。

迎接每一種可能，走進練習

當然，這是你未來可以前進的方向，**現在的你，只需要帶自己回到小時候，單純的活在當下，自然地去迎接內在的直覺感受**，放掉像大人一樣總是衡量利弊得失的習慣，也放下可能會覺得靜下來，不知道有沒有用的判斷。**好好地像個孩子敞開心胸去迎接每一種可能**，找到單純的樂趣，相信有天你也會跟我們一樣，在動物溝通裡體會生命最真實的快樂。

1、**氣味聯想，感受資訊**

- 先找一位熟悉且相處融洽的朋友，詢問他是否願意與你一起進行這項活動。
- 開始練習時，可以先請朋友站著或坐著，與他保持一段不會感到尷尬的距離，此時先帶自己找到停止點……並放鬆下來……進入全然投入的感覺狀態……。

- 將自己所有感受集中於嗅覺上……在一定距離中試著感受對方的氣味……同時迎接這股氣味帶給你的直覺感受……各種想法、印象、情緒、感覺、記憶、圖像、意象、意圖、話語、聲音、期待或各種身體、心理感受都好……並記錄下來。
- 同時，試圖透過這個氣味與對方的內在做連結……彷彿在內在提問一樣……或是感受從內心自然產生的聯想……感受各種想法、情緒、感覺、印象、記憶、圖像、意圖、話語、意象、聲音、期待或任何身心感受……並全部記錄下來。
- 過程中，你也可以試著分辨這些感受是來自己的記憶……還是忽然出現的……無論是什麼資訊，記得統統記錄起來。
- 最後，試著利用這些訊息與對方交流或討論……討論時不以精準為目標……請試著深深地去理解對方、陪伴對方……同時表達對對方的感謝……。

2、慢走覺心，觀察變化

- 先找一個平直、且無人打擾的走道或區域，可以是自家裡的走廊，或是假日學校的走廊。
- 一開始先全身放鬆站好……自然平順的呼吸……帶自己利用三步驟回到無所為的感覺模式裡……那種乾淨、全然、專注的感覺模式裡……。
- 當準備開始時，請將眼睛蒙上或閉上，開始以超級超級慢的速度走路……就像電影裡時間被慢速撥放的方式走路，身體要保持隨時在動，但非常非常緩慢地抬起右腳……非常非常緩慢地往前移動右腳……非常非常緩慢地將右腳踩下……非常非常緩慢地換左腳抬起……非常非常緩慢地前移左腳……非常非常緩慢地踩下左腳……盡可能讓每一步都非常緩慢……很像電影中的慢動作重播一樣……。

- 全程保持觀看內在的變化與感受……細細地體會每一個當下……忽然出現的感覺……完全地投入感受自己內在的一切變化……全然地往內看……迎接每一秒……同時，專注感受身體的變化……只要靜靜地觀察內在所有的變化……請閉上眼行走至少十分鐘……。

3、**全身按摩，記錄感受**

- 先帶自己找到停止點……並讓自己放鬆下來……回到全然投入、無所為的感覺模式裡……。
- 仔細地去感受自己的頭頂，同時用雙手按一按、捏一捏，保持對頭頂的感知，感覺頭頂哪裡需要再按一按就多按一會……然後用雙手按一按額頭，保持對額頭的感知，細細地去感覺額頭的位置……然後按一按眼窩……鼻子……臉頰骨頭……耳朵……整個頭部……全程保持感受，去感覺自己頭部哪裡最需要按一按……。
- 保持對身體的感受……慢慢地往下到肩膀、脖子……看看要不要轉一轉肩膀……請保持對身體的感受……全然地投入在自己身體上的感受……不必思考自己何以會痠痛或出現各種感覺……你只需要迎接你的感受與感覺……同時慢慢地一路按下去……。
- 按摩你的手臂……手肘……手腕……手掌心……手背……手指……到胸……腹部……背後……腰部……一路的到你的腳趾頭……。
- 保持對自己身體的感受非常重要，細細地感覺自己的內臟，身體有哪些位置感覺特別不一樣，可以用手當作掃描器，去掃過自己的全身，細細地感受身體的感覺，同時，感受內心可能的變化，將所有感受、想法、印象、情緒、感覺、記憶、圖像、意象、意圖、話語、聲音或期待，各種都好……全部記錄下來，養成記錄直覺的習慣……。

4、與大樹連結，傳遞能量

- 請找一棵雙手無法環抱的大樹，而且周遭讓你感覺舒服的環境。
- 一開始先面對著大樹，挑選一個合適的位置，讓身體自然放鬆地站著……然後帶自己回到全然投入、無所為的感覺模式裡……。
- 在感覺模式裡……將雙手輕輕地接觸樹身……閉上雙眼，專注當下的身體感受……全然跟隨、迎接內在所有的感受……。
- 你也可以試著在心中與大樹聊聊天……聊聊自己、家人、朋友或是生活的一些大小事……也可以什麼都不做，只是專注地去感受……好好地去迎接……。
- 過程中，請不要緊抓任何出現的感受……讓它們自然地來去，僅需練習去感受內在的每一刻即可……。
- 倘若大樹不喜歡跟你接觸，短時間內，你的身體自然會感到有點不舒服或不安，這時你可以試著再找另一棵喜歡的大樹……。
- 當觸摸大樹的過程中……也細細地感受樹傳遞出的能量……感受你們彼此間的互動……。
- 你也可以張開雙手……緊緊地擁抱著大樹……試著把耳朵貼近樹幹……專注地聆聽大樹的聲

音……感受你與大樹之間流動……以及所有內在出現的一切……請細細地感受……全然地投入當下……。

5、**敲擊頌缽，調整身心平衡**

- 先找一個可以發出聲音的適當空間，準備一個頌缽、還有可以讓你舒適跪坐的軟墊，並請換上舒適寬鬆的衣褲，放鬆地坐在軟墊上……。
- 準備好後，同樣先利用之前的練習方法，帶自己透過各種方式回到那種全然投入、無所為的感覺模式裡……。
- 當心整個穩下後……隨意拿起敲棒輕敲一下缽……「噹」的一聲，仔細地感受迴盪在空間沉穩的餘音……請全然地感受……感受迴盪在空氣中的振頻與內在的一切……。
- 當覺得需要時，再輕敲一下缽……來回多次持續細細覺察內在所有正在湧現的一切……各種想法、情緒、感覺、印象、記憶、圖像、意圖、話語、意象、聲音、期待或任何身心感受……並將它們記錄下來……。
- 你也可以在這個狀態下……感受自己身體內在的每個器官或部位……同時感受手中缽的振頻……你可以慢慢地感受自己的細胞、骨骼、血液或任一部位的感覺……透過這個振頻與身體產生共振……在彷彿沒有那麼舒服的地方多敲幾下……跟隨你的直覺……用手中的缽調整身體的頻率……直到感受你的身心平衡為止……過程中全然投入、進入感覺模式裡……專注地感覺所有的發生……。

6、運筆臨摹，投入感覺模式

- 準備文房四寶筆、墨、紙、硯，找一張平整的桌子，一個舒適的環境與一帖想臨摹的字帖。
- 準備好後，透過磨墨的方式帶自己回到全然投入、無所為的感覺模式裡……。
- 臨摹前，請仔細地感受字帖中每個字的構造……每一筆……每一畫……請記得是用心去感受……不用單純用眼睛去觀察……。
- 全然地投入在過程中，無論過程中出現了紛擾的心還是什麼念頭，都要再帶著自己回到感覺模式裡……。
- 接著自然而然地運筆臨摹，不需要管最後的結果好壞，跟隨內在的感覺，單純在河邊看著河裡的情緒、念頭與魚，你只是岸邊上的觀察者，細細地迎接、觀看著一切的發生……。
- 感受書寫過程中的所有感覺，迎接所有感受的來來去去與發生，學習細細地覺察所有發生的一切……停留在感覺中至少三十分鐘。

7、舞蹈身體，記錄感受

- 挑一個可以舞動身體，不會打擾旁人，也不會被打擾的空間，同時，你需要準備一些歌曲，請隨意挑選，或是直接用網路自動挑歌的方式來撥放歌曲。
- 請將播放時間設定為二十到三十分鐘。
- 開始時，請帶自己回到感覺模式裡……當準備好後，便可撥放音樂。
- 此刻將注意力全然放在音樂的旋律上……隨著音樂舞動……請不要特別控制身體……單純地

讓雙臂隨著能量舞動……伸展……然後是雙腳……膝蓋……之後舞動全身……。

● 讓全身都舞動起來，想像自己就是舞蹈……讓自己全然地融入在舞蹈中……試著拿掉任何標準或習慣動作……讓肢體隨著能量或心……自由移動到想去的位置……。

● 完全地敞開自己……敞開心胸……放下所有的思緒……迎接並跟隨內心……身體所有的感受……。

● 一邊讓身體跟隨能量的帶領……一邊感受內在最真實的一切……無論是各種想法、情緒、感覺、印象、記憶、圖像、意圖、話語、意象、聲音、期待或任何身心感受……並將它們記錄下來……。

● 時間到時，進入大休息的狀態……細細地迎接大休息時，內在一切的發生……感受並記錄所有的一切……。

8、艾灸暖穴，迎接直覺

● 找一個舒適不被打擾的空間，並準備一些艾粒或艾條，以及一條毛毯，如果需要將衣服脫下溫灸時，才不會著涼。

● 請先躺在毛毯上，接著將艾粒放在五柱穴（中脘、巨闕、下脘、左右梁門）上點燃，若覺得冷可以在上胸與大腿蓋上毛毯……慢慢地閉上眼睛……帶著自己進入感覺模式裡……。

● 慢慢地將注意力放在五柱穴上……感受艾粒的熱力與藥效的擴散……請保持對身體的覺察……清明的迎接身體的感受……以及內心一切變化……。

- 你可以增加一些想像，想像全身的肌肉與骨骼隨著熱能漸漸放鬆下來，去迎接內心在想像時，出現的所有感覺，無論正負向的感受都不要緊，你只是一個在河邊的觀察者，仔細地看著、迎接著內在一切的來去而已……你不是河裡的感覺，你只是岸邊的你……。

9、回到自己三歲的樣子

- 找一個不會被打擾、也不會打擾他人的空間，穿著舒服的衣服，找個軟硬適中的椅子，讓自己放鬆地坐著。
- 請先用三步驟的各種方式，帶著自己回到清明的感覺模式裡……。
- 慢慢地想像自己回到三歲的樣子……你的個子好像愈來愈小……視線愈變愈低……衣服好像也變小……講話、思考都變得純真……自然……與無所畏……。
- 細細地揣摩三歲的自己，同時感受三歲時內在的感覺……當你三歲的時候，如果感覺生氣，就會直接大聲的吼叫，宣洩出來……如果內心感到害怕、不安時，會自然蜷縮著身體……或緊緊抱著感到安心的枕頭或物品……如果覺得開心、愉悅時……會自然露出燦爛表情……開心地手舞足蹈……。
- 請你想像不同的內心感受……讓自己像小孩子一樣完全直接地表達出來……同時細細地感受表達出來以後……內心發生的變化……。
- 迎接身體的感受……以及內心一切變化……感受內在最真實的一切……無論是各種想法、情緒、感覺、印象、記憶、圖像、意圖、話語、意象、聲音、期待或任何身心感受……並將它們記錄下來……。

- 請記得無論正負向的感受都不要緊，你只是一個在河邊的觀察者，仔細地看著、迎接著內在一切的來去而已……你不是河裡的感覺，你只是岸邊的你……感受內在真實的一切……單純迎接並觀照就好……。

10、水元素的直覺訓練

- 練習前，先準備一個浴缸（或臉盆），放入適量的溫水。
- 然後帶自己找到停止點……並讓自己放鬆下來……回到全然投入、無所為的感覺模式裡……。
- 當你內在安穩以後，把身體（或腳）泡在水中……在感覺模式中讓身體浸泡在溫水裡……。
- 感受肌膚與水接觸時的舒適與觸感，迎接身體及內心一切的變化……感受內心的一切感受……想法……情緒……或出現的各種印象、記憶、圖像、意圖或話語、聲音等等……迎接所有的身心感受……細細地感受它們……。
- 再試著深入地感受體內的血液等所有的水元素，在身體裡頭自然循環流動時，帶來的感覺，細細地感受身體自然的流動或循環，你需要讓自己在很靜、很慢的狀態才可能感覺得到，穩穩地帶自己停留在安穩的感覺模式裡……。
- 慢慢地讓溫水滋養、溫熱身體每個細胞……迎接身體一切感受與變化……。

11、火元素的直覺訓練

- 練習前，先準備一個電暖器或是暖暖包，放在一個能感受其溫度但不燙人的地方。

- 然後帶自己找到停止點……並讓自己放鬆下來……回到全然投入、無所為的感覺模式裡……。
- 當你內在安穩後，感受電暖器或是暖暖包正傳遞出的熱能量，同時細細地迎接並體會能量帶給你皮膚的感覺……。
- 慢慢地去感受皮膚底下……肌肉……器官……骨頭……血液……與能量之間的感覺……請保持自己在非常清明安穩的感覺模式裡……細細地感受身體循環……自然的一切……。
- 感受這股源源不絕的熱……如同太陽的光一樣溫暖你的身心……並記錄下所有的感受……。

12、風元素的直覺訓練

- 練習前，選擇一個通風的環境，找一張舒適的椅子，全身放鬆地坐著。
- 然後帶自己找到停止點……並讓自己回到全然投入、無所為的感覺模式裡……。
- 當你內在安穩後，仔細地感受皮膚的溫度……將注意力全然放在身體的感受上……。
- 當風吹起的時候，完全投入地感受身體與內心……仔細地感受風帶來的觸感……溫感……與內心的一切感受……。
- 無論是舒服的……涼的還是熱熱的……都只是一種感受……都只是河裡的魚，而你只是在河岸邊觀看著感受的發生與來去。
- 請記得不要因為任何感受，而想做些什麼……單純地迎接，不隨之有所作為……只是看著、迎接感受著……。
- 你也可以加上一點想像，想像每當風吹拂時，帶來了新鮮的氧氣，也帶來生生不息的氣息，同時記得練習感受所有內在的感覺，那些瞬間出現，又瞬間離開的一切感覺，請練習抓住那瞬間出現的一切……。

13、土元素的直覺訓練

- 練習前，找一個乾淨的草地，住家附近的公園或是學校操場都可以。
- 然後帶自己找到停止點……讓自己回到全然投入、無所為的感覺模式裡……。
- 當你的內在感到安穩後，把鞋子與襪子放在一旁，光著腳放鬆地站著，感受雙腳踏實地踩在土地上。
- 感覺腳底與土地親密接觸的感受，將注意力全然放在腳底與內心的感受上……。
- 然後順著自己的內心，到你自然想要的時候，再慢慢地坐在地上，用雙手掌心觸摸著大地。
- 此刻將注意力投入內在感受……仔細地感受大地與你之間的觸感……溫感……與內心的一切感受……。
- 無論是舒服的……涼的，還是熱熱的……那都只是一種感受……都只是河裡的魚，而你只是在河岸邊觀看著感受的發生與來去。
- 請記得不要因為任何感受，而想做些什麼……單純地迎接，不隨之有所作為……只是看著、迎接感受著……。
- 然後，請將整個身體平躺在地上……把全身的重量都交給大地……感受大地穩固堅實的力量……同時像打開全身一樣……迎接所有內、外在的感受……彷彿感覺與大地合而為一一樣……。

- 最後，將整個身體轉身俯臥在地上……讓身體正面迎向大地……彷彿全然地臣服於大地……想像與大地深深地連結在一起……敞開你的心……迎接、沉浸在所有感受裡……。

14、透過白水晶，強化直覺

有人說，天然白水晶經過幾億年天地精華靈氣的滋養，能幫人們淨化全身混亂的磁場，更能提升聚集正面的磁場，被人們稱為晶王。因此，常常被拿來幫助冥想、淨心使用。

- 練習前，請你用直覺挑選一個令你感到舒適喜歡的白水晶，可以是小小的，也可以是大大的，大小、形狀都無妨，順著你的直覺最重要。
- 找一個安靜、燈光昏暗的空間，能讓自己心無旁騖的地方，接著請透過不同的方式找到你的停止點……回到全然投入、無所為的感覺模式裡……。
- 當你內在安穩後，用雙手托住白水晶……仔細地感受水晶在你手上時……內、外在一切的發生……細細地感受……迎接一會兒……。
- 你也可以在心中想像，用你的誠心祈求水晶能給你一些幫助或啟示，同時保持內在全然的安穩與對一切的覺知。
- 接著，張開雙眼……開始凝視水晶……不需要特別用力注視……注意力彷彿也不在水晶上……而是在自己腦中自然出現的感受或圖像上……好像若有所思的感覺……雖然看著水晶，但心思全然地投入在自己內在的感覺上……。

- 帶著非常放鬆……無為的感覺……去迎接內在所有湧現的想法……情緒……感覺……印象……記憶……圖像……意圖……話語……意象……聲音……期待……或任何身、心感受……全然地投入感覺之上……並將一切過程與感受如實記錄下來……。

15、利用慢跑，活躍潛意識

假如你有慢跑的習慣，你會理解為什麼有人會說：「慢跑，就是與自己在一起。」沒有跑步習慣的人，會以為慢跑就是慢跑，其實人在慢跑中，會有很多的思緒、很多的過去、很多內在潛意識的湧現。另外，當慢跑或運動的疲憊到達一定的程度時，也會讓人放下思考，回到單純停留在感覺內在的狀態裡，只要能放下意識層次的狀態，其實都可以運用到動物溝通中，因為動物溝通的核心原理就是放下意識層次，活躍高層潛意識。

- 如果你要練習這個方式，第一種是讓自己先跑步……邊跑邊把注意力慢慢放在自己的身體與心裡……如果有各種念頭都不要緊，請不要去壓抑或控制……你的念頭只是河裡的魚，你不是念頭……請你在岸邊好好看著念頭，更不需要跟著念頭隨之起舞或動作……既使那條魚很大，也不用下水去撈……。
- 當你的身體感到非常非常疲憊時……請仔細地體會自己的身體……同時請體會此刻，正心無旁騖在感覺身體的自己……感受此刻心無旁騖地在感覺的狀態……記得此刻你無法控制你自己的疲憊，你只是在迎接疲憊或其他的感覺……記住這種被動的感覺……。
- 當你在練習動物溝通時，就是要讓自己停留在這種被動的感覺裡……同樣是迎接感覺，動物溝通是看照片後迎接內在自然湧現的一切……運動時則是迎接身體的感覺……練習動物溝通的直覺，就是好好練習單純迎接內在的一切……。

16、進入感覺模式，再暖身

- 第二種跑步的練習，請先在暖身前，讓自己進入感覺的模式裡……。
- 並開始用你習慣的方式暖身……這一次請用慢三倍的速度進行暖身……慢慢地拉鬆身體的肌肉與關節……過程中同時保持所有內在的感受與覺察……。
- 當覺得可以開始時，慢慢邁開步伐跑步，記得步伐不要太大……。
- 在跑步時，將思緒集中在每個動作上，感受腳掌與地面的接觸，踝關節和膝蓋所受到的衝擊，全然投入並迎接內在湧現的一切……持續專注在每個感受上……。
- 感受今天的自己需要跑多久、跑多遠……離開本來的習慣與模式……跟隨內在的心，感受你的內心……。
- 慢跑結束後，請用步行的方式行走，全然地感受速度慢下後，此刻的一切感受與發生。
- 當心跳與呼吸恢復到平常的速度時，找一處乾淨的草地或地板，將鞋子與襪子脫下，光著腳，細細地體會運動後打赤腳與大地接觸的感覺，穩定自己的呼吸與能量，感受此時此刻一切的感受……情緒……或全然靜空的自己……並將一切過程記錄下來……。
- 這樣的方式，可以自行轉換為各種運動、健身或騎腳踏車都可以，請細細地思考活動背後的核心目的。

17、黑暗靜心法，觀看感受

回顧世界各地的宗教與文明，無論是瑜珈、南美薩滿教、道教、馬雅人，或是西藏佛教等，都有一個共同的修練方式就是「黑暗靜心法」。

- 請挑選一個完全黑暗的空間，也許是一個地下室的房間或家中的影音室，找一個軟墊，關上電燈，放鬆地坐著……並用你的方式，帶自己回到感覺模式裡……。
- 在黑暗中請帶著清明的心，張開眼睛去觀看黑暗……去感受黑暗中的寂靜……。
- 此時，身體會自然適應黑暗……所有的感知會變得更加清晰明顯……而內心會更加沈澱下來……。
- 也許你會感受到，整個世界彷彿就只有自己……此時請誠實、勇敢地去觀看自己內在的一切……所有真實的湧現……。
- 不斷在單純向內看的過程中……去體會自己……體會稍縱即逝的一切直覺……當我們愈來愈熟悉自己時，才可能體會所謂的接納自己……。
- 請在最漆黑的黑暗中，體會內在的安定……每一次進入黑暗你可能都會有新的體會……請記得你就是岸上的你，這些都只是河中的魚……看著它們，無須被它們吸引……更無須成為它們……你就是你……單純地感受內在發生的一切就可以……。
- 保持你的平常心……從古至今其實這世界早有幾千萬人都在從事我們此刻所做的活動……也早有比我們更深千百倍的體會……我們誰都不是多特別的人……接納自己的平庸與渺小……

此刻的你，才是充滿安定力量與獲得自由的人……你也將更能會體會所謂的平等心……與內在無拘無束的自在感覺……。

18、透過佛像，以相印心

- 選擇一個你覺得神聖而寧靜的適當空間……將你所信仰的雕像或照片放到你的面前，或到祂們的前面坐著……並在雕像或照片前面點燃供養的薰香或燭光。
- 接著在佛像前，找個舒適的位子，挺直脊椎並放鬆地坐著……帶著自己寧靜安定下來……。
- 當自己全然進入感覺模式時，稍微移動目光，感受著眼前的佛像或照片，保持對自己整個身心深刻地覺察。
- 凝視照片的同時，感覺自己彷佛也被凝視著，透過互相凝視，迎接彼此時，感受內在所有能量的來來去去、發生與消逝。
- 你也可以閉上眼睛，想像看見雕像裡頭「真正的祂」，就在你眼前……。
- 仔細地感受在「真正的祂」前面時，你內心所有的感覺……感受過程中的所有感覺，迎接，學習細細地覺察所發生的一切……細細地迎接、觀看著一切的發生與消逝……。

19、紀念物感應，收集感受

從自己周遭親友中，借來三到五樣稍有紀念意義或常接觸的物品，可以是手表、手機、或常用的杯子、錢包等。

- 開始練習前，先將物品擺在觸手可及的一旁，用自己習慣的方式進入感覺模式中。

● 當自己進入全然投入的清明時，請慢慢閉上眼睛，用手去碰觸第一件物品，同時迎接潛意識湧現的一切感受……想法……情緒……或出現的各種印象、記憶、圖像、意圖或話語、聲音等等。

● 維持在清明的感覺模式中，你也可以拿起第一件物品，好好地感受物品握在手中時，內心一切的感受、湧現的圖像或情緒……請仔仔細細地感受你的內心……並全然記錄下來……。

● 接著準備放下第一件物品……此刻，也一樣維持在感覺模式中迎接所有的感受……並盡可能記錄描述你所感受到的一切細節……。

● 再慢慢地放下，換另一件物品……同樣先用手去碰觸……打開心……去迎接所有感受並記錄……再將物品拿起……迎接……直覺……記錄……。

20、**閉關修行，與自己相處**

這個活動是改編自台灣師範大學公領系謝智謀教授，推動的冒險教育裡的其中一個活動，也是他指導的學生畢業前都要經驗的活動。一個全然與自己相處的時間……。

● 請試著在你的行程中，排下至少兩天的時間，一個可以放下你人生角色的兩天，並找一個無人打擾的戶外或安全的空間，把自己「關」在裡面……不接電話……不上網……不寄電郵……不滑手機……不做任何打發時間的事……一個人單獨而不孤單地過著……。

● 在這段時間內，請你不要帶任何書籍……或做任何可以消磨時間的事……請單純的和自己在一起……。

- 在過程中如果你需要，就好好地感受內在的自己……這樣即可……。
- 有機會也好好地記錄下內在的感受……好好地閉關，與自己在一起……。

21、用沙拉亂語，脫離習慣

所有迎接直覺的活動，都是希望能幫助你，自然而然地迎接一切感受。語言是幫助我們溝通的工具，但我們從小到大使用的語言，在動物溝通中卻會束縛我們。因為我們習慣透過語言來表達，漸漸遺忘了運用感覺來交流的能力。蘇菲派裡就有一位大師發現了語言對我們的束縛，因此他每一次在回應門徒的提問時，都一律用聽不懂的亂語回答。也許你會覺得非常奇怪，我第一次聽到也覺得非常不可思議。

亂語的意思就是講一些完全沒有意義的語言，這些自然從潛意識中湧現，沒有邏輯、沒有規則的語言，在心理治療領域中則稱為「沙拉語」。這樣的亂語演變到後來，就成為了一種迎接潛意識的活動，此刻你所練習的這個活動，就是改編自蘇菲派裡的亂語靜心。

當我們練習講沙拉亂語時，請記得不是用腦袋發出過去印象中的方言或任何語調，請你完全投入感受並用無意義的聲音傳遞內在的感覺或意圖，單純地跟隨內在自然發出各種無意義的語音，因為我們太習慣使用語言，讓語言成了一種束縛，也可以說因為太過習慣，當有任何感覺時，很自動地就翻譯成為語言，進而自動地運用意識去思考。

當你全心投入亂語時，使用內在相應的聲音去表達自己時，便離開了我們的語言系統，離開你習慣的模式，將使你有些難以思考，自然更投入於感覺或運用感覺，來與這個世界互動。因為感覺是連結潛意識的，當我們大量去感覺自己時，自然會進入感覺的模式，也就是能迎接內在潛意識的狀態。這與動物溝通的原理全然相同，動物溝通就是透過迎接潛意識的情節進行溝通。請帶著自己在亂語的活動中，好好的釋放並跳脫自己的習慣，全然地去感受內在自然的感覺，投入當下。帶著自己，好好來一段亂語吧。

- 找一個願意跟你一起練習的人，如果真的沒有那就對著動物或小孩子練吧，不然，自己對著鏡子也可以……。
- 請與對方一同慢慢地去感覺自己的身體……感覺自己的心情……把專注力慢慢地放在感受自己內在上……。
- 過程中，與對方一同說好，無論如何在活動開始半小時後，才可以講你們本來的語言……過程中即使覺得感受到任何情緒或尷尬，都請用亂語來互動……。
- 在開始前，進入迎接自己內心的狀態……好好開始與對方用亂語互動……過程中請保持跟隨並用亂語或肢體……表達自己內心湧現的一切……完全地感覺、完全地表達出來……。
- 一方面感受自己、表達自己……一方面當你看著對方的表達，也會勾動你內在的感受……請再順著被勾動的內在感受……用沙拉亂語表達出內心的感覺……全然地投入……投入在表達與感受的過程裡……。
- 你們甚至可以做一些日常不敢做的事情……譬如隨意躺在地上，或大動作的表達自己等等……拋開對內在的束縛……全然地感受內在出現的一切感覺……並用亂語與肢體表達出來……全然地投入在這過程中，細細地體會並迎接內在的感覺……。

第四章

五種進行流程範例 再教你五招加速法

加速學習

不同的派別有各自進行練習的方式，我們也可以跟隨知名溝通師的步伐，來進行動物溝通的練習。

因為動物溝通是一個需要慢下來細膩感受的技術，所以我們將許多關鍵要素，特別藏於上一章節中的各個活動解說裡，透過這樣的方式邀請讀者，從閱讀時順便訓練自己去好好體會動物溝通所需要的安心與細膩。

此外，動物溝通需要實際去經驗，比較無法用意識或邏輯去判斷，而且千百年來這種超感知覺的知識，橫跨了多種宗教、身心靈領域、世界各地文化、多種科學與臨床範疇，所以誠摯邀請你在閱讀時，放慢自己的心，靜靜地、細細地來回品味一字一句。每一個看似雷同的練習，裡頭各自隱含著很多意義。

找到適合自己的練習方式

有些人喜歡先了解核心要義，再從各活動中彙整成適合自己的流程；也有人喜歡照著前輩、專家固定的流程穩穩地練習。想要自己組合活動的朋友，可自行將上一章節中四步驟的各種方式融合與增減，想要按照專家流程來練習的朋友，可參考下面五種進行的流程範例。這五種都是些國內、外知名溝通師與不同派別各自的進行方式，各位可隨著直覺挑選想要的方式進行練習。

此外，後續章節會介紹五招加速法，包括三種自由書寫、積極想像式、直覺問答式、牌卡輔助法、空椅法，希望各位能夠透過這些加速法的運用，促進你對動物溝通的掌握，提升動物溝通的成效。

五種進行動物溝通的流程範例

認識各位大師，或知名派別，從經典中學習動物溝通，吸收不同觀點才會進步得快。

五種不同的動物溝通進行示範模式，每一種都有其各自的好。了解不一樣的動物溝通流程，讓你更進一步認識動物溝通，並找到更適合自己的練習方式。

一、瑪塔老師的溝通流程

- 第一個範例整理自美國知名動物溝通師瑪塔・威廉斯在《寵物通心術》一書中分享的溝通流程，屬於身心靈領域的動物溝通。

1、專注呼吸，先讓自己的心放慢下來

- 深呼吸，同時想像深呼吸時，吸氣到脊椎底端一樣。
- 憋氣幾秒。
- 帶著自己的意識減緩呼氣速度。

2、與地面連結（being grounded）

- 帶著自己的意識減緩呼氣速度，透過想像力，想像自己有一條隱形且可伸長的尾巴，穿過地面、與地球的心連結，彷彿透過這條尾巴與大地相連在一起。

3、保持正面的態度

- 寫下可能影響或約束你進行動物溝通的負面想法。
- 駁斥非理性的負面想法。
- 有意識地透過一種或多種正面思考，對抗非理性的負面想法。

4、啟動直覺感應力

- 想像你的身體是敞開的、準備連結到「宇宙智慧」或「集體意識」。
- 想像自己的意識向上延伸，彷彿像一條光束一樣超出頭腦，向上延伸上去，連結到一個可以解答你所有問題的宇宙智慧資料庫。
- 或是你也可以在這階段連結到你的指導靈（guide），瑪塔認為指導靈可以是已過世的親人、動物、神明、人、山、樹木。對瑪塔來說，一切都可以是指導靈。她會連結並召喚專屬的指導靈。
- 向指導靈請益、交流。

5、與動物建立關係

- 取得動物的照片，並在心中形塑出該動物的形象後，閉上眼睛，想像該動物就在面前，彷彿正共處一室。

- 專注於內心，讓自己的心充滿了愛的感覺，然後傳遞出這份愛的感覺給那隻動物。用這方式與動物建立關係後，就可以進行溝通。
- 最後結束時，跟動物說謝謝。

6、**瑪塔的加速連結方式**

- 如果你覺得有信心，想要加入連結，就從深呼吸開始。
- 在心中感覺與要進行溝通的動物，產生情感上的連結，以此建立關係，即可進行溝通。
- 甚至不需要閉上眼睛，單純看著地面或任一處能讓你心思穩定的區域，學習讓視線形成柔焦即可。

二、羅西娜老師的溝通流程

第二個範例是整理自香港已故知名靈性動物溝通大師羅西娜老師在《與動物朋友心傳心》（The Life Journey of an Animal Communicator: For Our Brothers and Sisters in the Animal Kingdom Make Us Truer Friends to Animals）一書中分享的溝通流程，屬於身心靈領域的靈性動物溝通。

1、**多接觸大自然與動物，練習感受能力**

- 放下任何電子產品，敞開心胸去體驗、觀察、記憶大自然的經驗。
- 打開心胸，開啟自己的各種覺受能力，包括視覺、嗅覺、聽覺、體覺、味覺等，單純享受與小孩或動物的相處時光。夜晚的時候則可以凝望星空、月亮，去覺知自己的感受。

2、連結大地之母和天空之父

- 透過想像的方式，細緻地想像自己成為一棵大樹，包括樹幹、樹枝、樹根都深深地透過細緻地想像，與大地連結在一起，同時感受與大地之母連結的感覺，並與無所不在的動物、生靈間彼此交流。
- 保持細緻的想像，想像自己的頭頂有道白光連結到天上的星星或宇宙，細緻地想像與天空之父連結在一起，並與所有的飛鳥、昆蟲和空中飛舞的存在彼此交流。
- 放鬆自己，在內心感知與大地之母和天空之父的連結與交流，並與天上、地下所有的萬物與存有進行連結與交流。

3、準備進行動物溝通

- 想像一個白色的光環繞並保護我們自己，這個白色的光保護我們遠離負面能量，讓我們安全地和動物進行溝通。
- 想像我們順著退化的小尾巴——尾骨，長出了一條我們的動物尾巴，向下進入地球的中樞，連結到地球中樞的心。

4、進行動物傳心

- 取得一張看得到眼神的動物照片。閉上眼睛，想像這隻動物就在身邊，正與你共處一室，展開連結。

- 假如想像中的動物彷彿就在房間裡，你可以看著動物的眼神來進行交流，但請不要直盯著看，因為對於動物來說那是一種攻擊的表示。
- 專注於內心，讓自己的心充滿了愛的感覺，然後打開心扉傳遞出這份愛的感覺給那隻動物。
- 當感覺到已建立和動物的心與心連結後，便可開始進行溝通。
- 結束後獻上你的愛，並表達你的感謝。

三、心理派動物溝通的流程

第三個範例就是本書第三章的內容，心理派動物溝通的流程，創造停止點，放鬆並安定身心，淨化你的情緒，活躍淺意識層，利用感覺模式去迎接資訊。

1、創造自己的停止點

- 要進入潛意識前，需要放下紛擾的意識。放下紛擾意識時，需要我們的決心。請下定決心，放下手邊事務、放下所有生活角色，排出一段不必處理任何事情的時間。
- 找一個適當不會被打擾的空間，同時將手機調成飛航模式，隔絕被打擾的可能，創造一個適當專注的空間。
- 挑選適當的輕音樂，一個能夠幫助你靜下紛擾意識的舒服音樂，讓音樂幫助你的大腦更容易進入α（Alpha）波，或甚至能進入θ（Theta）的狀態。
- 可以在你的空間中，準備適合放鬆的舒服香味，可以是香氛精油，也可以燃香來刺激你的中樞與大腦，幫助我們更容易進入放鬆狀態。

- 無論你挑選任何創造停止點的活動，記得最重要目的，就是創造一個準備停下內在紛擾的開始。所有方式都可以任意搭配，各種內、外在方式都是為創造心理層次的準備，並幫助你的物理層次。請利用各種能讓心思集中而慢下的方法，讓自己的心找到慢下來的開始。

2、放鬆與安定身心

心理學家發現透過「積極想像」可幫助不容易專注的人，輕易地保持專注；在世界各地的催眠療法，以及各種經驗式的心理治療學派中，也都會運用想像的方法，來激活潛意識的情節，進行治療與協助。透過大腦自然存在的運作機制，你可以將積極想像運用在放鬆安定、釋放情緒中，也可以運用想像成為加速溝通進行的方法之一。

- 在放鬆與安定階段，你可以使用漸進放鬆來深度導引自己，也可以用自我對話、想像、美好記憶的回顧來幫助自己找到安定。當然，你也可以透過放開自己的姿勢、透過斑點、月光、燭光或自然萬物的視覺專注方法，或透過飲水的過程，從味覺與觸覺來幫助自己安定下來。本書各種能幫助內在安定的方法，都可以讓你進入完全放鬆且安定的狀態。

- 你可以利用第三章的各種練習，幫助自己靜下來。但不要急著進行動物溝通。先練習讓自己能保持清明，未來當心情有起伏或生活有意外時，也比較容易帶自己回到這份安定。這份安定，也是與飼主會談時，你最重要的養分之一。所以在心理派動物溝通中，我們期待你不僅著重迎接內在直覺的學習，更投入於放下紛擾意識的寧靜，創造出真正有效益的會談。

3、釋放與淨化情緒

● 感受：

內在的情緒正是潛意識的情節，常會在我們需要進行動物溝通時影響我們，所以釋放內在的動力或情緒有時是必要的，透過釋放與淨化的過程，也可以幫助我們更投入在感覺的狀態裡。所有釋放或淨化的活動，第一關鍵是去仔細地感受內在湧現的情緒。在各種動態、靜態的活動中，請保持感受自己的內在情緒。

全然地將注意力放在想像或感受上，無論想像還是感受的過程，兩者都是為了創造「專注」的狀態。無論你做任何動作，記得維持專注、投入。如果你想要把專注力放在自己的感受上，可以先從專注感受身體開始，因為這比較容易，然後再將專注力轉換到感受內在的情緒上。專注就是動物溝通最重要的核心之一，另一個核心則是迎接。

● 釋放：

當注意力全然地感受自己的身體與情緒時，就透過第三章的任一方法進行釋放；也可以用最原始、最簡單的動作——甩，邊甩、邊專注的去感覺內在一切的釋放與淨化。

● 成為觀察者：

釋放情緒的目的除了排除情緒干擾外，也是幫助我們放下紛擾的心，讓我們進入高度專注的狀態。高度專注狀態最大的特徵，就是思緒不再輕易因為任何內、外在的事件而紛飛，整個心是非常寧靜、安穩的狀態，這並不難，但初學者可能要三十分鐘左右的時間才能進入高度專注的狀態。在高度專注狀態下，一切的感受就像是河裡的魚，而你只是一個岸邊的觀察者，觀察、感受著一切，但也只是感受而已。

4、迎接與記錄感受

- 保持全然的高度專注：

動物溝通最重要的核心一個是專注，另一個是迎接。要能細緻地迎接所有發生的一切，就要先進入並全然保持在高度專注裡，也就是「感覺模式」中。透過前幾步驟的進行，帶自己保持在專注狀態，在這高度專注的空檔狀態下，你遠遠地感受著所有的發生。一切都是「你的」，但不是「你」。你與一切都開始有種距離，你在岸邊，而它們在河裡，這份距離創造了你的清明、你的純粹與乾淨。讓你得以清晰地，迎接所有的直覺資訊。無論那是忽然出現的想法、印象、情緒、感覺、記憶、圖像、意象、意圖、話語、聲音、期待，還是各種身體、心理感受。如果你不夠清明，你的資訊便無法準確。

- 處在全然迎接的「感覺模式」：

心理派動物溝通與身心靈領域動物溝通的差別，差異不僅是在有沒有呼請或連結外靈，兩者間練習的本質上也有些不同。身心靈領域溝通多數透過想像進入專注，但專注的目標是愛、舒服或一些情緒，是全然投入於「河流」中的情緒；心理派動物溝通也會運用想像，但不偏重運用想像來幫助專注，更不同的是高度專注的部分，也不是浸泡在河裡，反而是回到岸邊、待在空檔上。

心理派動物溝通其中一個練習的方向，是讓心安住在岸邊，不全然期待溝通師進入充滿各種感受或潛意識情節的河裡。身心靈領域的動物溝通多半是幫助人們學習全然沉浸在感受的河裡，河裡有各種的感受，包括愛、快樂、喜悅，當然也包括其他各種正、負面的感受、想法、知覺等。兩者都是相同的投入、都有專注，兩者都不是在意識層次。但一個是導引專注到河裡游著，另一個是停在岸上，在有段距離的空檔裡迎接著。

在岸邊的我們是期待練習者能停下來，就只是安穩地坐著覺知自己、覺知這世界正在發生的一切。那一刻，什麼也不做，只是全然地迎接此時此刻所有發生的一切。沒有要嘗試改變什麼，一種全然的被動。強調不主動、不控制，也沒有預計即將發生什麼，所有感受並非刻意創造、也不是帶著意圖而來，單純只是一種遇見，偶然地與感受相遇。在這個狀態中的我們，臣服一切的發生，也順著一切自然地發生，是一種自願的乾淨，自願的讓這一刻原原本本、乾乾淨淨的如實存在，我們就像嬰兒般單純地感受此刻正在發生，正經驗的一切。

建立連結打聲招呼

當你清楚自己的心處在非常穩定，不太會因外在或內心一切而輕易浮動的時候，你可以看一下要溝通的動物照片，不必看得太仔細，稍微看一下就好，同時請仔細感受第一個瞬間的直覺。如果瞬間出現的直覺忽然就不見了，也不要緊。在這個階段，無論出現什麼感受或失去了任何資訊都不要緊，我們就是在練習慢慢抓住這些資訊，所以失敗也不要緊，保持輕鬆自然的心就好。

當你看了照片，閉上眼，心底彷彿存有動物形象時，就可以把照片放下。此刻你可以透過一些內在的暗示，心底透過語言向動物打招呼，告訴牠也告訴自己：「我們已經連結了……我們已

經連結了……我們已經連結了……」請認真默念三次，這個默念是很重要的，這不只是對動物說，更是對自己說。這句話能幫助自己更投入溝通的身心狀態，是一種對潛意識的內在暗示，在說這一句話時，慢慢地深刻地在心中重複默念，這會幫助你更全然、安穩地投入。

當你感受到內在的安穩與連結後，請跟想要溝通的動物打個招呼：「哈囉！我是○○○，是你媽媽、爸爸的朋友，你可以看看我，如果可以我想跟你聊聊」，而後你便可以開始跟心底的動物形象互動。你可以全然地投入等待自然出現的各種資訊，可以想像動物是立體的、活著的，並和動物進行互動，也可以請動物帶你去想要去的地方，或想像動物就在你旁邊與你共處一室。白然順著一切的發生，讓我們就像嬰兒般單純地感受此刻的一切。

無論你喜歡身心靈領域的間接溝通，還是心理派的直接溝通；又或者是想要練習進入河邊，還是在岸上迎接，都各有各的優缺點。進入河裡的好處是真的比較容易上手，在心理派動物溝通中也有「進入河裡」的想像進行方式，後面五大加速方法會提到，也有許多心理派的代表人物是透過全然投入於河裡的方向來進行溝通的。我們覺得任何一種方式都很好，甚至許多天生可以直接跟動物溝通的溝通師也都很棒，只要是帶著一顆善良、正直的心，能時時覺察並提醒自己減少對飼主的影響，都是很好的溝通師。就順著你的內心，挑選你最喜歡的模式吧。

四、傳統宗教的靈性溝通流程

傳統宗教的靈性動物溝通中，第一件要做的事情是創造一個祭壇、壇場或結界。此壇場會隨著不同宗教而有所差異。

1、設置祭壇、壇場

有的宗教會用花朵或礦石擺陣，有的則擺設出西藏佛教的曼陀羅壇場，也有的溝通師會將佛道教的觀音、媽祖或各種神像、照片、加持物擺上。核心涵義就是要建造一個神聖的空間。

2、恭請神尊、護法神靈

設好壇場或祭壇以後，傳統宗教的靈性動物溝通師會開始燃香，以恭請神尊、護法神靈。不同的宗教對於神明有不同稱呼，例如靈性智慧、能量、高靈、指導靈、守護靈、天使、主神、菩薩、大地之母、上天之父、上帝、高等存有、靈魂上師等等。各文化也有不同的迎神方式，有時會請一位或多位以上的神尊降臨。

3、展開淨身、護持

當護法或神尊來到，也就是確定連結到「靈性智慧」後，會開始淨化自己，也就是淨身或稱做脈輪清理[1]。有人淨身的方式是長期吃素，保持身心的清淨，更多的是會用金紙、香、水晶、鮮花、水、鹽或各種加持物來淨身，當然不同的宗教都有各自的淨身儀式。在淨身時，多數都會運用觀想，也就是想像的方式搭配淨身的進行。有些是想像護法、有的想像光或各種正向的感受來淨身，同時在過程中加持、護持自己。也有不同的迎神方式，有時會請一位或多位以上的神尊降臨。

4、連結神明、呼請動物，開始溝通

當淨身結束後，靈性溝通師會回到與神明的連結，全然地感受神明所給的指示與資訊，有

1　脈輪源自古印度梵文，指的是人體能量的中心。人身一共有七個脈輪，脈輪會影響人的心理狀態，清潔脈輪就是清潔自己的心靈狀態，將生活中所累積的外來刺激與毒素排除。

時候也會呼請動物靈前來神壇，有時單純地與神明進行連結與溝通即可。與其說是與動物進行溝通，更多的時候是與神明進行溝通，換個說法，就是跟大地之母、高靈、守護靈、阿卡西記錄、宇宙智慧、集體意識或宇宙資料庫進行溝通。

5、結束會談後，進行迎送、清理

靈性動物溝通師在結束會談後多數會進行迎送與清理的儀式。通常會先迎送動物靈，再清理自己與空間，最後迎送各種迎請來的神靈離開。這步驟的先後順序有不少差異，也有溝通師會少一、兩個步驟直接跳到下面的祝福或感謝。

6、送上祝福與感謝

對於靈性溝通師來說，無論是動物靈，還是恭請來的神尊與護法，祝福與感謝是絕對且必要的儀式之一，有的溝通師也會給自己送上祝福與感謝。另外，也有的靈性溝通師會特別唸經迴向給動物靈，不過這並非必要儀式，是相對少數的溝通師才會做的部分。

五、薩滿系統的動物溝通流程

本範例整合改編自薩滿系統的動物溝通方法，薩滿系統也屬於身心靈領域的靈性溝通。凡是靈性溝通都有類似的過程，但細細去探索會發現裡頭還是略有不同。不同的系統有各自的傳承與資格，有的一定要參加它們的課程才可以被「點化」。點化與皈依、受洗有相似的涵義，但許多身心靈領域的課程對於點化更帶有一種幫助學習者開通脈輪、暢通氣脈、打開通靈蓋、開啟第三隻眼等涵義。各體系有各自不同的要求，運用時請依循各體系設立的規則與資格進行，祝福各位學習愉快。

1、薩滿聖壇設立

透過薩滿的儀式，建立神聖的薩滿聖壇（Mesa）。

2、療癒者儀式，連結薩滿意識與大地媽媽

在這個儀式中，薩滿溝通師將全然地投入儀式中，連結自己的內在靈性，並與古老的發光療癒者連結，支持個人的轉化，喚起自身的療癒力。同時也與大地媽媽進行連結，部分薩滿還會一同連結聖山之父、聖河母親。過程中依循薩滿儀式，有的薩滿溝通師會在此時使用大地媽媽祝福包來協同連結。這步驟也可說是將能量扎根、歸於中心的過程。

3、呼請四方力量動物

一種創立守護能量場的過程，溝通師透過四方力量動物的呼請，並透過力量錦帶的保護，將任何可能前來的負面能量轉化成為光、地、水、火、風五種自然元素。除了可以用於轉換負面能量外，部分身心靈領域動物溝通師是將動物靈請到自己身體或脈輪，透過召喚過程得到與動物溝通的能力；也有的身心靈領域動物溝通師是邀請動物靈來幫助自己提升通靈能力。所有的歷程與儀式都會大量運用各種想像的召喚來創造連結與靈性能力。

4、和諧儀式

在這個儀式中，薩滿溝通師透過想像與呼請，呼請蛇、豹、蜂鳥、老鷹以及三個天使靈進入自己的脈輪或身體中。這可以說是一種淨化接引能量的過程，以傳統道教來說類似是呼請神明上身、附體的概念。

5、看見者儀式

在這儀式中，薩滿溝通師建立了一條光的道路，連結並開啟我們的第三隻眼。這個儀式就如同開啟脈輪、清理連結脈輪，清空自己並打開自己。透過看見者儀式，喚起我們的靈性之眼，得以覺知宇宙中有形、無形的能量與資訊。在這個階段中，部分學習其他身心靈系統的薩滿，也可能自行加入靈擺、能量畫等過程，幫助自己開啟靈性之眼。

6、療癒與轉化

有的薩滿溝通師在這個階段會使用守日者儀式、火的儀式或另外透過一些元素祝福來協助療癒與轉化。守日者將召喚古代的祭壇力量來療癒需要療癒的對象，通常守日者也是草藥醫生與巫醫，會搭配其他的方式輔助身心轉化，幫助療癒對象達到療癒效果，並走出恐懼。在轉化階段，許多在亞洲地區的薩滿溝通師或其他身心靈領域的靈性溝通師，會借用各種靈氣治療方式來進行遠距離的療癒，這部分就看個人相信與否，因為動物溝通資訊可以確認，但靈氣治療的部分比較難證明，雖然我也有學習靈氣治療，但仍要中立地表達立場。

回顧動物溝通領域，多數動物溝通都是宗教或身心靈領域的動物溝通。在此也要提醒各位，在接觸所有宗教或身心靈領域時，也別忘了帶著你的覺知與智慧，有時也要記得保持一定的省思，勿落入了迷信之途。

二

偷吃步加速第一招——三種自由書寫

透過書寫的過程，讓喜愛判斷與監控的意識得以放下、放空，喚起潛意識。

在文學、心理學，以及一些身心靈領域的課程中都常使用到自由書寫（Free writing）技術，自由書寫也被稱為心靈書寫。或許是因為瑪塔．威廉斯的《寵物通心術》一書中有提到，所以台灣許多動物溝通課程中也看得到相關的蹤跡。**自由書寫的技術其實一共有三種，三種進行方式截然不同，但都有喚起潛意識的作用**，三種「自由書寫」都著重於去迎接內在自然湧現的感受、想法或各種素材，並盡可能透過書寫過程，讓喜愛判斷與監控的意識得以放下、放空。這三種自由書寫方式都可用來做為動物溝通的媒介，底下為各位一一分享，同時介紹如何運用方法。

第一種——自由聯想式書寫（Free writing）

這一種自由書寫方式，是多數動物溝通課程使用的方式，也是最好上手的一種。最早起源於文學領域，後於心理治療的精神分析學派中發揚，並被視為「自由聯想」技術的延伸。部分精神分析師是這麼說的：「一個人可以不做自由聯想（技術），但至少要做自由書寫。」可見自由書寫在探索潛意識中扮演相當重要的角色。

在文學領域裡，自由聯想式書寫主要被一些散文作家使用，或用於寫作教學中，因為可以幫助學習者克服容易在意識層次出現的各種自我批評障礙。在文學中，自由聯想式書寫屬於寫作前的構思技巧，有些作者會應用這個方式收集來自潛意識裡最初的想法，或和主題相關的概念，屬於正式寫作前的一種準備。在心理治療領域中，自由聯想式書寫則被轉化為喚起潛意識情節的技術，也因而被廣為使用，成為許多心靈課程探索內在的方法之一。

進行方法

先找個不受干擾的地方，避免會讓你覺得隨時有人會衝進來看你在寫什麼，這樣會打斷你的投入，自然就會打斷你的潛意識活躍，讓你回到意識層。接著準備大張的紙，因為你不會知道自己會寫出多少內容，所以準備大張的紙，以及可以書寫流暢的筆，避免完全來不及記錄內在的潛意識流，或因為斷斷續續的書寫打斷潛意識的流動，又讓你回到意識層。所以請準備多點紙跟流暢的筆。

開始進行時，自己握著筆的手就像是記錄者一樣，記下腦中所有湧現的念頭與感受，完全不需要在乎拼字、文法正不正確，或前後連不連貫，你的手就是一路去記錄下腦中湧現的一切。聰明的讀者不知道有沒有發現，這方式跟上一章的許多練習方法很相似。沒錯，因為喚起潛意識的方式都有著相同的核心。在文學世界中透過這樣的方式來爬梳紛擾的意識；在精神分析中透過這樣的方式來喚起深層潛意識情節，動物溝通就是運用這樣的方式來喚起高層潛意識的資訊。

進行時間請設定至少十五分鐘，在這十五分鐘內完全不可停筆，需要連續不停地記錄下你腦中浮現的各種文字、想法、感覺、意圖、印象、情緒、記憶、圖像、意象、話語、聲音、期待，或是各種身體、心理感受。不停地記錄就是在集中你的注意力，做到專注；另一方面，因為你注意著內在出現的各種感受，也就做到了迎接。

透過自由聯想式書寫我們同時專注且迎接，這也正是動物溝通的兩大核心，也可以說這其實就是運用潛意識的關鍵。

關鍵訣竅

- 這十五分鐘內，不停筆地記錄浮現在你腦海裡的一切，當你忽然出現短暫的空白時，就用畫一個一個點的方式來保持持續狀態。
- 一開始如果覺得一片空白無法下筆，就用「我覺得……」作為開頭，然後就開始持續記錄腦中出現的一切。請每天連續做，連續一週你的潛意識就會愈來愈流暢。
- 寫的過程中完全不要回去管前面寫了什麼，也盡量不要花力氣去監控內在潛意識整體發生了什麼，單純全然地投入記錄的過程。
- 假如忽然湧現太多雜亂的資訊也沒關係，浮現什麼就都記錄下來，如果是出現圖像，把它畫出來也可以，也許下一秒圖不見了，也無須完成就繼續記錄。
- 整個過程的重點就是甩開任何文法或規則，規則都是意識層次的產物。這十五分鐘內不存在任何規則，唯一規則就是要不停地記錄下腦內正在發生的一切，直到時間終止。

運用於動物溝通

自由聯想式書寫如果單純一直寫，有可能喚起的是深層潛意識。這道理就像第三章第三節釋放與淨化中提到的，當我們透過專注讓意識集中不再紛擾後，潛意識便得以湧現，所以當大腦在自由聯想式書寫進入全然投入時，有可能出現的是自己深層的潛意識。但動物溝通需要的是高層潛意識，並不是自己內在的低層潛意識情節。

當你要進行動物溝通的自由聯想式書寫前，你可先做一次十分鐘的自由聯想式書寫，讓潛意識素材在第一次的書寫中自然釋放。然後，稍微運用放鬆與安定的技術，確定心比較穩定後，拿起動物照片在心底稍微跟動物打個招呼，並起個念頭告訴動物也告訴自己，等一下你將要與牠進行溝通，請他把想要說的都告訴你的潛意識就好。然後，再進行十到二十分鐘的動物溝通自由聯想式書寫。過程中，請千萬保持記錄與迎接就好，如果分心去思考、解讀或監控腦中出現的資訊，那就又會回到意識層，也會造成資訊的錯誤。

最後給各位一個重要的提醒，所有偷吃步的加速方式都可能略過了進入空檔的靜心練習，也就是略過了三大部分中的第一部分，在第三章第一節也都有提醒各位略過的優點與缺點。在這裡還是建議學習者，如果能穩扎穩打完整的學習三大部分，當然是更好，一方面資訊會比較全面、穩定，且不易被外在影響，一方面這份由內而外的定性也可能會幫助你的日常生活，和你會談時提供的品質。

不過也有很多很棒的溝通師是先學會加速法，然後慢慢地再補齊其他的部分，每一種方式其實都有價值與意義，身為講師我們有責任，也應該全面地將所有資訊如實分享給你，希望有心學習動物溝通的朋友，能帶著你的善意、平等心與能夠接納不同聲音的包容力來學習，相信你自然會吸收到最正確的動物溝通專業知識。

第二種——自動書寫（Automatic writing）

一百多年前，美國心理學之父威廉・詹姆士在許多超心理學研究中使用的方式就是自動書寫。如果在西方，去圖書館搜尋相關資料的話，會發現自動書寫最早多被收錄在Spiritualism的文獻中，指的是西方的招魂術、降靈術。

隨著心理治療與科學的興盛，慢慢愈來愈多自動書寫出現在催眠治療領域中，成為了潛意識溝通的途徑之一，而後又受身心靈領域推廣與應用。以目前的發展來說，自動書寫最常出現在催眠領域裡。催眠導引會幫助被催眠者，暫時讓身體的一部分從意識中脫離，例如：在美國牙醫催眠的系列課程中，催眠師透過暗示讓被催眠者相信自己的嘴巴或下顎不是自己的，好像不會疼痛也對它沒有反應，進而產生麻醉止痛效果。同樣的，在自動書寫中催眠師會透過暗示幫助當事人的手從意識中脫離，讓處於分離狀態的手自動地將潛意識的情節書寫出來。多數時候，自動書寫的效果會比直接說話更能輕易且正確地表達。

維基百科對於自動書寫的解釋是：「一種心靈能力，在無意識狀態下，一個人可以自動寫出某些書面內容。相信者認為書寫者的手是自動寫出某些訊息，但是這些內容不是書寫者本人故意去寫出的。在某些狀況下，書寫者是陷入無意識狀態。但是也有書寫者自認意識清楚，但是他的手部受到某種外力影響而寫出非他本人想寫出的訊息。科學界認為是一種自我暗示作用。」簡單來說，自由書寫是書寫者將手當作記錄者，在意識清醒的狀況下，不斷地記錄自己腦中出現的念頭與各種想法、感受等素材，因為手只是不斷地書寫，注意力全然投入於感受自己腦內出現的素材，進而有機會、少部分地讓潛意識活躍。

自動書寫則是要有「分離狀態」為前提，手與腦必須透過催眠導引而創造「分離狀態」才是自動書寫。有的人在「手腦分離狀態」下，自覺是清醒的，也有的人在分離狀態下，意識是不清楚的，但重點特徵是必須感受到自己的手部，似乎與自己分離的那種意識狀態才是自動書寫。

要創造這種狀態，需要進入較不易到達的深層潛意識狀態。多數課程僅是運用心靈書畫式自由書寫或是自由書寫，許多人常被這三種自由書寫方式混淆而難以分辨，其實三種之間差異很大，但相同的都是運用潛意識直覺的方法。

進行方法

自動書寫最常出現在各國催眠師協會的催眠課程裡，是一種需要經由催眠師暗示，進入深度的無意識狀態後，進而運作潛意識的過程。在導引過程中，催眠師會透過各種吸引當事人注意力的方式，創造當事人高度的專注。透過高度專注與暗示的效果，促使當事人得以快速地進入潛意識的深度狀態。

部分深度潛意識狀態就是佛家說的禪定狀態，也是世界各宗教或文化中談到的通靈狀態。在自動書寫中，當催眠師導引當事人進入深度的催眠狀態後，會暗示當事人的手（或身體）與當事人的意識層次分離，並且交由潛意識主導。分離狀態下的手則自動書寫出提問的答案，或內在潛意識的訊息。簡單來說，就是暗示當事人的手會自動書寫，且完全不是當事人自己主導的書寫。

除了可以經由催眠師導引運用外，自動書寫也可透過自我催眠來進行。但對於初學者來說，要自我催眠進入深度自動書寫的程度是不容易的，通常也需要長時間的練習才能做到。

運用於動物溝通

美國地區少數的催眠式動物溝通課程會運用自動書寫來進行動物溝通。在學員進入自動書寫狀態下，會透過潛意識的書寫來回應飼主想要詢問的問題，同時也會了解各種溝通師想要理解的資訊，當得到上述問題的答案後，溝通師會再與飼主在約定時間進行「深度會談式」的交流。

第三種——心靈書畫式自由書寫

這一種自由書寫是身心靈領域的動物溝通課程常見的練習方式，這一種方式在傳統宗教裡則為寫書文、天書或靈文。這種練習方式也可視為直覺力的訓練方式，若運用在動物溝通上則可加速動物溝通的進行。

進行方法

這是一種直覺力訓練，一開始需要你準備一盒二十四色左右的蠟筆和大一點的白紙兩至三張。使用蠟筆的原因有二：第一是因為蠟筆好取得、價格便宜且易清理，如果挑選難以清潔或使用時可能會造成需要分心處理的任何顏料，都容易使得意識層的紛擾浮現，所以通常會選擇蠟筆；第二個原因是蠟筆繪出的顏色可以堆疊。

動物溝通是一種運用潛意識的過程，出現在腦中的潛意識情節就像出現在夢境裡的元素一樣，常常是沒有規則且極富變化性，因此在挑選繪畫材料時，都會挑選可以蓋過前面顏色的著色材料，可一層一層堆疊的著色料才可呈現每一刻內在的轉變與忽瞬湧現的潛意識情節。基於上述兩點，通常會選擇易取得的蠟筆作為繪畫工具。

- 先運用找到停止點、放鬆與安定的活動幫助自己放下紛擾的意識。如果覺得自己需要釋放與淨化，可以在找到停止點後，先把注意力放回自己身上，一邊感受內心狀態，同時看著盒子裡的蠟筆，感受此刻內心狀態與哪一種顏色最相似，或此刻直覺最想拿起哪一種顏色，就挑起那一種顏色。
- 在白紙上，你開始自由地使用顏色塗鴉，請自由地塗鴉無須理會圖案是否成形，甚至只是原地來回畫線或圈都無妨，單純全然投入地迎接內在直覺想要的畫法，注意力專注在內在的感受上，手只是自由的隨著感覺在紙上起舞。
- 自由地在紙上飛舞，想換顏色就換色，拋下所有既定的規則與可能出現的任何想法，全然投入、迎接、感受內在所有自然湧現的一切，直至忘我狀態。

運用於動物溝通

你可以選擇投入情緒的河流裡，也可以選擇在岸邊觀看河流的一切。這兩種狀態都可以進行心靈書畫式的自由書寫。

- 備好白紙與蠟筆後。選擇在岸邊遠觀著河流一切的學習者，就帶自己運用找到停止點、放鬆與安定、釋放與淨化的活動，進入身心安定的感覺模式狀態；選擇投入情緒河流的學習者，就稍微調整呼吸，只需要讓自己能夠把注意力慢慢放回感受自己即可，其餘不須做任何身心的調整。

- 選擇投入情緒河流的學習者，先將自己的內在狀態自由地畫出來。繪出自己內在狀態的用意是幫助意識集中、營造專注，透過繪畫的過程慢慢讓自己得以更全然投入、迎接直覺感受。

- 當我們進入了全然投入的狀態後，無論是選擇投入情緒河流的學習者，還是選擇在岸邊遠觀著河流一切的學習者，此刻都稍微看一下要進行溝通的動物照片。當動物的形象彷彿能在心底成像後，感受當下內心與哪一種顏色最相似，或透過直覺挑選顏色進行自由塗鴉。

- 在白紙上，一邊感受一邊自由地運用色彩創造文字或塗鴉，全然投入且在白紙上奔放書寫，同樣保持一種正在打破規則與掙脫束縛的自由，無須理會是否好看，甚至不成形地在原地來回畫線也無妨，專注力放在迎接內在出現的所有直覺素材。

- 想提出問題時，心思微飄過問題，然後又投入迎接自然湧現的所有直覺素材，並透過蠟筆或書寫紀錄當下的所有直覺，維持在一種全然投入的忘我狀態中。

三 偷吃步加速第二招——積極想像式

心理作用的能力其實超乎了我們的想像。也可以說，潛意識的作用其實超乎了意識層次的想像。

在世界各地所有宗教、古文明與身心靈領域中，都會發現大量運用想像力觀想的文獻與進行方式，心理治療領域裡也同樣有很多運用想像而創造潛意識活躍的技術，雖然心理治療的最終方向，是經由想像喚回過去生命的經驗或感受，但所有積極想像的過程都有相似的生理機制。

科學研究甚至發現，單純經由想像就會讓受試者的肌肉變發達，單純想像各種過去會引起情緒的事件，便會造成生理或內在激素的變化。所謂「安慰劑效應」這類型的心理作用也早在醫學界中廣為使用。有人說這些單純透過想像而造成實體或生理變化的現象都只是人類的心理作用而已，沒錯，但心理作用的能力其實超乎了我們的想像。也可以說，潛意識的作用其實超乎了意識層次的想像。

積極想像，促進潛意識活躍

所有的科學都從假說開始，許多構想與假說都是從想像、直覺中得到靈感。當一個人開始積極想像時，自然會全神投入於內在想像的各種畫面裡。全神投入自然就創造了人類意識的集中狀態，而集中狀態也使得意識層得以停下紛飛，這正是一種自然的靜心過程，透過靜下紛擾的意識，便得以喚起潛意識的激活。

再從大腦機制談起，我們人類整體的情感與高度機能都與大腦有關，左、右腦主司不同功能，每個人左、右腦的發展都是不平衡的，這也使得每個人的個性、行為、與各種能力都有所差異。根據統計，多數人都是右撇子，也就是左腦較為發達，在記憶上多會運用文字、語言與邏輯；右腦發達的左撇子則對於符號、五感知覺、情緒、想像力、創造力、圖像、直覺結論等能力較為發達。而當我們運用想像力時，對於大腦來說恰巧也活躍了創意、直覺、五感知覺、情緒、圖像的腦部位置。

著名的美國哲學作家桑妮雅（Sonia Choquette）也在他的著作《Your 3 Best Super Powers:Meditation,imagination & Intuition》一書中，提到了很多想像力、直覺力與冥想之間的關連和實驗研究結果。所有的文化與文獻都提出同樣的看法：積極想像會促進潛意識的活躍。

就像有時候你可能會發現，當我們睡前想像某些生活情節或幻想情節時，不知不覺睡著後，夢境就隨著我們想像的情節展開了。如果你想的是需要思考或邏輯的事件，你可能會失眠，但如果你想像的是情節或影像式的幻想，很可能就會隨著想像開啟夢境，而夢正是潛意識活躍的表現。這清楚說明了人類自然存在的一種機制，**當我們積極想像時，將會激活內在潛意識**。這也正是為何所有的文明、宗教與心理治療，都透過想像力的運用，來幫助意識集中、潛意識活躍。

積極想像式——想像畫面練習

想像的過程將幫助我們的身心自然轉變，就像假如你積極地想像過往傷心的時刻，可能會讓胸口沉重、不自覺呼吸短促而想哭泣，甚至可能喘不過氣；想像一些情境也可能讓我們產生各種的生理反應。

運用想像加速的方式進行動物溝通也有需要克服的地方。首先是想像力需要練習；而後是要慢慢地在多次嘗試中，找到分辨想像與直覺的差異；最後，要分辨來自動物的直覺素材，以及來自內在過往的潛意識情節，因為兩者都是潛意識的素材，對於初學者來說，很可能喚起的是自己的潛意識情節，而不是動物溝通的直覺素材。一開始很多是想像沒錯，接著仔細待在小動物旁邊久一點，慢慢讓畫面自己運作，練習的次數與時間多了，自然就會愈來愈熟練。

分辨的最佳方式是透過資訊核對的過程來反推，所以在共訓課程中，常會固定示範並舉辦動物之星的練習活動，透過核對才有機會知道哪些資訊是正確的，也才有機會去體會當接到正確資訊的當下，身心是處在什麼狀態？正確的資訊是什麼樣的感覺？這些都是需要固定的練習與核對才可能反推感受得到。

進行方法

1、透過想像讓自己的注意力集中下來，降下意識層的紛飛狀態。此刻可以透過想像舒服的大草原、森林、海邊、天空或海底，各種能讓你感到安穩，幫助你進入放鬆與安定狀態的場景都可以利用。例如，想像去到一個舒服、安全的大草原。

2、假如你想要一些力量來保護自己，可以想像各種光、大自然的力量，或任何你所信賴的靈體來守護你，也可以運用想像的方式來幫助自己釋放或淨化情緒。例如，想像自己在草原上變成一棵大樹，一棵非常非常大的大樹，你的根與大地連結著，你的樹梢與枝葉迎向那遼闊的天空。

3、無論你選擇投入於情緒河流中，還是喜歡在岸邊看著一切的發生來進行動物溝通，都可以透過想像式的方式進行。甚至我們可以透過想像，想像自己各種知覺能力更加清晰、想像自己的心愈來愈開闊、想像正與各種動物共處一室，進行交流、想像自己就是動物、想像傳遞出愛、想像自己就是光……各種想像都可以使用。例如，想像有一些小動物圍繞在你這棵大樹身邊，你一動也不動地感受著這些小動物們，你們就在那一望無際的大草原上。當然，當你準備好時，也可以用小動物能接受的方式，問一些你想知道的事情，或請小動物做一些日常常做的動作也可以，甚至也可以請小動物帶你像穿越時空一樣的，帶你去看看他的家。

4、在動物溝通中，想像與動物共處一室是一種很快速的方式。要喚起直覺的關鍵是想像動物活脫脫地出現在你想像的場景，並不是想像如照片般的平面，請將動物想像成3D活體。你可以在畫面中請動物給你看他喜歡吃的食物，或是他常做的動作……一開始幾乎是你自己的想像沒錯，請多給自己一些時間停留在想像的畫面裡，接下來的畫面便會漸漸自行運轉，當畫面自行運轉時，那時的畫面就是潛意識的情節了。例如，想像小動物就在你身邊。

四 偷吃步加速第三招——直覺問答式

其實在我們提出問題的瞬間，內心就有一個聲音在回答我們了，這就是內在聲音。

直覺問答式的方式最早不是運用在動物溝通裡，而是被用在與上帝或宇宙對話。對於許多身心靈領域的人來說，人類在最深的精神層次中，都是與宇宙萬物相連結的，每當生命遇見困難向上帝或宇宙提問時，其實宇宙都會用不同形式來回應，只是多數的人沒有注意到而已。

展開問答，聽見內在聲音

他們說，上帝或宇宙會用不同的形式來回答，可能是忽然出現的一段回憶或過去聽過的一句話，也可能是社群或報紙上意外看見的一個故事，也可能是朋友不經意的一句話、一場電影、一陣風、一個感受、一個直覺……或是用一些內在忽然出現的直覺來回應我們，那就是內在聲音。

內在聲音有幾個特徵

- 聽起來很可能是自己的聲音。
- 回應的速度是快速且瞬間消失的。

- 與其說是一個聲音，也可以說是一道乍現的靈感。
- 初期練習者接到回應時，會覺得也許只是自己多想。
- 多數會用你習慣的語言回應，少部分會用你聽得懂的其他語言回應。
- 聆聽的時刻，自然會非常專注且全然投入。
- 每問必答。
- 不會每一件都答對，但練習久了會抓到提升正確率的訣竅。
- 有時收到的回應，聲音與文字會同時浮現。
- 初期較少同時與影像一起出現。

進行方法

1、找到停止點……讓自己的心比較放鬆、安定下來……。

2、慢慢將注意力放回在自己內心的關注上……在心中默數一到十……聽著內心默數的聲音……同時想像每一個數字都讓自己一點一點地開啟敏銳的察覺力……。

3、在心中以非常慢速的方式默念三次：「我的心愈來愈慢，我正開啟敏銳的察覺力」並細細地迎接默唸時，內心出現的任何感覺……。

4、接著，默數一到三十……這一次請你仔細地聽，彷彿來自內在更深處的、立即性的、緊接著就忽然出現的另一個聲音（你自己的聲音）……。

5、在心底默問自己一些簡單的問句，喜歡海還是山、喜歡白天還是晚上、喜歡什麼水果、喜歡什麼顏色……慢慢先從選擇性的問句開始，再到各種開放性的問題。請先設下一些基本問題，不斷地默問自己……並在過程中保持穩定且細緻的心，迎接來自內在的回應。先以熟悉內在聲音的回應為練習方向。

6、當你非常能體會內在聲音的回應時……可以看一下動物的照片，並開始向內在提問……同時迎接來自內在聲音的回應。

五 偷吃步加速第四招——牌卡輔助法

整合塔羅原理與動物溝通的應用，動物溝通卡能快速、精確地提升動物溝通師的成效。

無論你對於占卜信任與否，塔羅、易經或各種占卜方法都在世界各地盛行了千百年之久。塔羅牌的歷史最早可追溯到十四世紀的歐洲地區，東方占卜依循的《易經》更是中國群經之始，所有諸子百家都是從這裡開始發源，大約在新石器時代就已誕生的《易經》，也被尊稱為中國文化的百科全書。千百年來，對中華文化的哲學、文學、醫學、史學、宗教、文化、數術及科學都有巨大的影響。過去卜卦與牌卡多以占卜未來吉凶為主，慢慢流傳至今也被廣泛運用在自我探索與自我覺察上。在心理治療領域中，也有非常多的心理師會透過牌卡的輔助，來進行心理諮商會談。

運用潛意識的力量，原理相通

牌卡的抽取與卜卦的過程，依憑的正是潛意識。中國著名的特異現象研究者柯雲路先生也有相同看法，他曾提到：「人人都具有神靈，這個所謂的神靈就是我們的潛意識。**彼此的潛意識在某些層次上其實是相通的，而人類的潛意識具有預測與感知功能**，在多數的情況下難以顯示，包括占卜都需要進入一種調動潛意識的狀態，這種狀態在恍兮惚兮之間，也就是氣功態。」柯雲路先生提到恍兮惚兮的狀態是在說明占卜或牌卡得以準確預測的原理，但也間接提到了動物溝通的奧祕，其實不只是柯雲路先生，不少研究潛意識的專家也都發現了，無論是動物溝通、占卜，還是靈感乍現的決定，其實都是潛意識的運作。

正因為都是運用潛意識，對於易經卜卦或牌卡占卜有研究的朋友，在進行動物溝通時也可透過占卜的方式來輔助，增加動物溝通的資訊及準確度。運用方式就如同使用牌卡進行占卜一樣。

進行方法

1、找一個神聖的空間，輕鬆地坐著。透過幾次深呼吸調整自己的狀態，讓自己保持寧靜與平穩。

2、帶著莊重的敬意手持牌卡，默念心中想要提問的動物問題，或請牌卡提醒你，有哪些需要注意的地方。

3、開始洗牌直到自己覺得夠了，將牌卡正面朝下以扇形攤開整套牌卡。

4、透過非慣用手抽出一至三張，再透過牌意解讀問題的答案。

對於學習動物溝通的初心者，或是想要增進動物溝通資訊的朋友，也可運用「動物溝通卡」來提升資訊準確度。動物溝通卡是全世界唯一專門設計給動物溝通使用的牌卡，其透過塔羅原理，由塔羅師、動物溝通師和燒刻畫家共同研發而成。透過「動物溝通卡」的運用，也能快速、精確地提升動物溝通師的溝通方向與資訊。

六 偷吃步加速第五招——空椅法

透過不同視角，領會不同的感受，在來回的對話中，找到轉變的契機，獲得新的力量。

部分的動物溝通課程也會使用「空椅法」來促進溝通的加速。**空椅法是心理學完形治療學派裡的一種治療技術**。空椅法的過程很類似角色扮演，在心理諮商會談時，心理師會透過一把或多把空椅子來創造或促進一個人提升不同視角的覺察與感受。

透過角色扮演，感受覺察

舉例來說，假設心理師認為當事人與父親之間的問題需要使用空椅法，會請當事人假裝父親正坐在會談室中的一把椅子上，椅子上可能會擺些象徵性的物件來代表父親，或只是用一張寫上字的紙來替代，也可能完全沒有東西。心理師會邀請當事人與坐在空椅上（想像）的父親對話，將心中感受說出的同時，增進對自己內在的覺察，然後視情況可能會交換位置，坐到父親的椅子上感受或進行來回的對話。在心理治療中空椅法算是一種深度的溝通方式，所謂的深度也可以說是一種經驗性、感受性、直覺性、強烈性、潛意識性的對話方式，透過角色扮演的深度經驗過程，深刻地感受並與想像中的對象進行互動。在心理治療裡，這個想像的對象可以是仍活著的人，也可以是已去世的人，也可能是自己內在的兩個不同立場或不同人格；動物溝通領域則是將想像的對象置換為動物，透過深度的直覺經驗，來加速或增進動物溝通的溝通資訊。

另外，也有很多角色扮演的方式可以促進動物溝通的進行，這些方式與空椅法都有相似之處，都是透過模仿或感受來提升對動物的感知能力。過去人類在各領域中也都會透過揣摩或模仿某種動物來突破人類的限制，在美洲薩滿教中有召喚動物能量的儀式、東亞印尼有猴子舞、武術中有猴拳、螳螂拳，或是印度瑜珈士的體位也都是模仿動物的姿態。

整個想像的過程，請千萬記得你不是在模仿動物，這並不是一種模仿遊戲，你需要全然投入變成那隻動物，轉變成你想要變成的動物。從叫聲、姿態、行為、動作等等，彷彿你的皮膚、肌肉、骨頭、細胞、血液、眼神、四肢、呼吸、叫聲都完全變成了那隻動物，全然地投入、全神貫注地成為牠，是最重要的關鍵。

進行方法

- 首先，請決定好你要成為的那一種動物，任何種類的動物都可以，無論是在天空飛的、地上爬的，還是水底游的，任何你直覺或喜歡的動物都可以。
- 接著準備好適當的地點與兩張相同的椅子，同時憑直覺選擇其中一張椅子放置動物照片，另一張椅子則設定為動物溝通師角色的位置。
- 並坐在那張椅子上想著那動物……彷彿想像自己慢慢地變成牠坐在椅子上一樣……慢慢感受

身體的每一個部位都漸漸開始轉變成牠……請運用你偉大的想像力，從頭頂到腳底……從皮膚到每一細微的細胞……從呼吸到內在的心跳……彷彿你就是那隻動物……仔細地成為那隻動物至少十五到二十分鐘……。

- 在這時間內，你也可以在腦中瞬間地飄過一些想要詢問的問題，然後投入地去感受並記錄所經驗到的一切直覺……。
- 當二十分鐘過後，請起身離開這個動物的位置。當你離開位置時，就將動物好好地「留在位置」上就好……我指的意思是，你在心中完全脫離動物的角色。離開位置後的你，就回到了本來的你的樣子……這個技術在心理劇[1]，與心理治療角色扮演中稱為「去角」。
- 當你「去角」後，可視當下情況，決定是否要接著坐上動物溝通師角色的椅子……如果你決定要坐上溝通師的位置，當你坐上去時……請你就全然成為要與對面動物溝通的溝通師……
- 坐上溝通師的位子時，你可以一邊感受自己的內在狀態……一邊想像那隻正待在對面椅子上的動物……此刻彷彿你正看著在你對面的那隻動物，沒錯！牠就在對面椅子上待著。
- 感受此刻身為溝通師的你，有沒有什麼是你想要問的，或有沒有什麼想傳遞的話語……傳遞時，你只需要全神貫注地在心裡想著，並保持全然投入、開放的狀態即可。傳遞的同時請「看著」你對面的動物，感受著牠的回應、動作或一切神情與狀態……
- 你可以在兩張椅子來回坐上數次，直到你覺得足夠為止。記得結束前除了對動物表達感謝外，更重要的是要讓自己完全「去角」，在離開椅子的瞬間，你不再是任何人或任何動物。你就是你，本來的你。

1 心理劇（psychodrama）是由精神病理學家莫瑞努（Moreno）1921 年提出的，幫助參與者通過各項活動熱身，進而在演出中體驗或重新體驗自己，伴隨劇情的發展，使患者的感情得以發洩從而達到治療效果的戲劇。

第五章

談離世、疾患、臨終溝通與失蹤協尋

深度洞察

好的溝通師並不會急著提供解決辦法，而是能慢下自己，好好地與飼主一起面對各種內心與外在的困難。

動物就像自己的家人一樣，時時陪伴在身邊，如果哪天走失、生病或過世了，飼主一定會很傷心，除了看醫生、貼協尋廣告以外，求助溝通師也是一個管道。因此，當溝通師接到這類個案時，要先試著同理飼主的心情，一個好的溝通師並不會急著提供解決辦法，而是能慢下自己，好好地與飼主一起面對各種內心與外在的困難。**好的溝通師應該是一個懂得傾聽的人，不會總是教導對方應該這麼做、應該那麼做，而是讓對方慢慢找到面對傷痛的辦法與步調**，那才是真正走過困難。

多數人看見對方失落的時候，總會想盡辦法鼓舞情緒低落的人，希望他們趕緊平復心情。人們總希望看見別人是堅強的，沒有辦法允許對方慢慢地處理自己的感受，很多時候也可能是害怕面對身邊的人陷入低潮，而自己卻無能為力，所以只希望看到對方很有擔當的一面。於是，有些溝通師會用各種方式不斷提醒我們要堅強、要勇敢、要面對、要趕快解決，這些看似「打氣」的過程，卻只是讓我們再一次把情緒吞下去，一次次地壓抑下去。本章節將從離世、疾患、臨終溝通與失蹤協尋等不同狀況，帶領各位成為一個有同理心的良好溝通師。

離世溝通的三大類型與選擇

走入動物溝通領域以後，覺得這世界最了不起的地方就是廣納了所有的可能。

在歐亞各地接觸不同動物溝通師後，我們慢慢自行歸納、分類，發現做離世溝通服務的溝通師通常屬於以下這三大類型：

一、身心靈體系

多數身心靈動物溝通師認為人性即為神，萬物的本質一致，且萬物皆有靈性、信念也將創造實像。帶著這些信念，身心靈動物溝通師多會融合西方的大天使、薩滿系統、靈氣系統與藏傳佛教系統等等，依循各種身心靈課程的傳遞，創立一些祭壇或個人儀式來進行離世溝通。

帶著這些概念，多數身心靈動物溝通師認為人與萬物都是一樣的，所以會跟所有的植物、動物、石頭、離世的人、離世的動物進行溝通。

二、宗教體系

不同宗教看待離世溝通有不同的觀點。多數宗教體系的溝通師並不特別主張可與植物、石頭、水晶進行溝通。有的宗教或文化認為石頭、山林或大海、天空本身沒有靈魂，但靈魂會暫居或停留在這些物件之上，就像靈魂會附在娃娃或各種物件的概念。

對於宗教體系的溝通師來說，離世溝通就是與離世的動物靈魂進行溝通。不同宗教對於可執行的資格與執行過程皆有不同看法，多數宗教溝通師會認為需要經過完整的系統養成，正式取得祂的許可，或得到某些資格認證後才可進行。對於他們來說，無論是做離世還是一般的動物溝通，都是「間接式的溝通」。包括資格與所有過程，也都會依循代代傳承的儀式來進行。

三、直接溝通體系

主張直接溝通的溝通師認為，很多動物溝通資訊是來自集體潛意識、宇宙中的智慧，或來自我們自身深蘊的內在智慧。他們會形容這些資訊獲得過程是一種「下載」的過程，下載的來源就是宇宙潛意識的智慧，身心靈領域也有部分溝通師秉持同樣的概念。因此，對於這些溝通師來說離世與否就不是重點了，因為無論是離世還是在世的動物資訊，所有資訊與紀錄都早已存在於宇宙、阿卡西記錄、或任何集體意識中，溝通師僅是進行下載及轉譯的動作，所以自然無礙溝通。

關於離世的主題也因為各地文化的不同、不同學習系統而有很多觀念的差別，包括對於離世幾天後才可以進行溝通，各地文化與信仰都抱持不同看法，或許可能還有更多不同的想法未能妥善納入。此外，多數有做離世動物溝通的課程，可能是屬於身心靈派系的，所以多半會在課程中鼓勵學生直接進行離世的溝通服務。

不排斥，你會有更多發現

其實，我們一開始面對「能跟動物溝通」這件事很難以置信。恰好我們長年接受的心理訓練就是不斷覺察自己，那時我們發現原來自己都還沒驗證動物溝通的真偽，就不自覺產生了排斥。於是，暫時放下既有的認知與排斥，慢慢地從學習與驗證中，發現原來所有人都可以與動物溝通。但有著理工與科學經歷背景的渤程，還是傾向只相信可被驗證的事物，所以對於無法驗證的動物溝通資訊，包括離世後可能的去向、狀態、感受……或是水晶、植物、礦石……無法事後驗證的資訊，渤程還是比較持客觀而保留的態度。

因為渤程從小在傳統宗教體系裡長大，接觸佛、道與藏傳佛教的文化甚深，對於執行「間接溝通」的資格、過程方法、影響性與忌諱等等，會特別小心且謹慎。也因為長年接觸，才會特別建議初學者不要輕易嘗試呼請任何外靈來協助溝通，或進而達成什麼期待。俗話說：「請神容易送神難」，還是建議初學的你透過慢慢地靜心練習，再運用心理高層潛意識來進行「直接溝通」，待未來因緣俱足或能在正確的體系帶領下，再學習間接溝通，提升自己的能力；孟寅也是在信仰中獲得祂的許可後，才開始運用靈性力量做溝通的服務。

走入動物溝通領域以後，更覺得這世界最了不起的地方就是允許、廣納了所有的可能，世界允許了白天，也創造了黑夜，世界也接納了所有的好與壞。**本書所有的建議也只是其中一種思想，各位讀者參考即可，所有思想都不可能代表真理或絕對**。一切順著你的因緣，也順著你內心所向就好，相信最適合你的方式自然會在生命中出現。抱持一顆為每個人或動物服務的真心，帶著不排斥與接納的寬厚，相信你自然會展現出屬於你的美好。

如果有想要尋求離世服務的朋友，未來想要預約時，可以詢問心儀的溝通師是否有提供離世溝通服務，也可以了解看看溝通師是依循什麼信仰來進行離世服務。我們自己或課程裡是都沒有進行離世溝通的部分，也沒有跟植物、水晶或石頭等非生物進行溝通。**如果有需要也可以上台灣動物溝通關懷協會官網**，裡頭的溝通師都是經過考試通過的，且有清楚標示有沒有提供離世溝通的服務，你都可以納入參考。

二 疾患溝通與四種治療方式

我們所做的每件事，也許沒有立即的成效，但每一步都是前進的過程。

現在有愈來愈多人在動物生病的時候，會藉由動物溝通師的協助來知道動物的身體狀況，就像面對癌症，有人會遵循西醫進行全程化療，也會有人採用中醫、食療、輔助療法或其他方式來對抗疾病一樣，每個人都是自己的主人，自然也都有各自信仰的治療方向。然而，每位動物溝通師的生命經驗不同，當動物生病時，不同的溝通師會提出不一樣的見解。令人感動的是，無論採取甚麼管道，每位飼主和溝通師都是想為動物付出最大的心力，盡力給出最好的照顧。

面對疾病或生命問題時，人們會自然傾向找一個最有效的解決方式，會想要找到最關鍵的影響，**期待能有某個方式，一次解決所有的問題。可惜，偏偏所有的問題都不是單一因素就能解決的**，我們都知道解決問題需要這裡努力一點、那裡多做一些，慢慢聚沙成塔，但還是會傾向找出最簡單解決一切的關鍵。疾病、人生、所有一切問題其實都是如此，每一項努力可能都只能為整體貢獻出百分之三、百分之五或百分之十。於是，有的人做了兩項就放棄了，有的人一點一點累積而邁向成功。這種希望找到一勞永逸、能直接解決一切的傾向是人性，或許偶爾可以成功，但往往這種盼望多會落空，因為成功從來都不是一蹴可及的事情，對抗疾病同樣如此。

影響疾病的層面不只是生理，從遺傳、地域環境、飲食、生物演化、心理、生活習慣、藥物、老化等全是影響疾病產生與治癒的關鍵，當我們想要改變生命軌跡或邁向成功時，期待單靠任何一部分來改變全局，都很容易遭受挫敗打擊而失望。無論是對抗疾病還是處理人生任何問題，請記得一個重要的觀念：**「我們所做的每件事，也許沒有立即的成效，但每一步都是前進的過程。」**保持對自己的信心，當我們一步步向前邁進時，有天回首就會發現自己已經前進了。」

如同上述所說，很多時候每一項的幫助可能就只有一點點，而且適合我的也不一定適合你，適合你的也不一定適合他。底下各種不同的療法，每一種你都可以參考，也可以挑選你比較傾向的方式。相信每種療法都能提供一點幫助，同時保持對生命與每個自由選擇的平等心與尊重，或許每個人的選擇不同，有機會仔細地聆聽對方選擇背後的心聲與原因，也許更能拉近彼此的距離，尊重不同的聲音也是邁向動物溝通師路上，我們都需要的一份重要素養。

動物醫院——中西醫治療

西方醫學是我們最先傾向的治療方式，畢竟西方醫學有透過各種儀器去檢測，比較合乎我們的學習概念與信仰，所以當動物生病時，我們會第一優先建議帶動物前往醫院進行檢查與治療，同時會建議去兩到三家醫院。醫院其實不喜歡人們跑很多間，因為同樣是醫生，仍可能有不同的判斷。但這就很特別了，如果連醫生都有不同的判斷，那到底什麼病因才是真的呢？什麼照護方式才是最恰當的呢？

過往在這種「實驗態度」下，常會發現有的醫生檢查得仔細，有的醫生則比較依靠經驗來判斷，畢竟目前對於動物的檢查與人類相比，還是相對較精簡一些，加上動物不會說人話，也特別容易出現誤診或有不同診斷的狀況出現，所以我自己是傾向多去幾間不同的醫院做檢查，也在過程中感受每位醫生的學、經歷與治療狀況，慢慢挑選出適合自己的醫院與醫生，然後長期配合。

可能因為我們是心理師的身分關係，在學習歷程接觸很多西醫的醫學概念，慢慢對於西醫藥物與治療身體的背後原理略有所知。也許有人不知道，其實治療動物的西藥就是治療人類的藥，只是獸醫會將劑量隨動物體重做調整。也因為接觸了一些醫學藥物，慢慢愈來愈能理解何以近來部分西方醫生會朝向融合東方醫學或運用一些天然的藥草、溫灸等療法。尤以近幾十年來，中醫與自然療法在西方盛行的程度可見。這股風潮同樣也吹向動物治療上，現在也有飼主會透過中醫的方式為動物進行治療，有的也會輔以按摩、溫灸、針灸等方式進行。如果動物生病時，以中醫的方式進行照顧也是可以考慮的方向。

輔助療法——食療、動物芳療

除了中醫以外，現在也有動物食療、動物芳療等自然療法的方式進行照護。食療的方式是透過天然食物的攝取，讓動物的身體獲得適合的營養與元素，再經由身體自然的運作來達到改善的效果。簡單地說，我們可以將疾病分為幾個大方向：吸收、循環、排毒。

一、吸收：當吸收不好時，要先改善吸收狀況，不然吃什麼都幫助不到；二、循環：如果循環不好，就影響了養分的效果；三、排毒：人與動物在自然吸收與循環下，都需要排出生理廢棄物，吸收了不良的成分也需要透過排泄與生理的排放系統來協助，如果排毒系統不好時，身體就會累積毒素，從而也影響循環或吸收。在各種自然療法中，就是透過不同的方式幫助人或動物改善吸收、循環、排毒三大方向。

動物芳療也是自然療法的一種，透過萃取天然植物所煉製而成的精油，這些高濃度精油可以運用在皮膚的按摩與吸收上，也可以透過味覺、呼吸道的方式，或與食療的搭配來協助改善，在心理治療中也有很多心理師會運用精油的協助來幫助心理層面的改善與調整。當動物生病時，也可以考量不同的輔助療法來幫助他們。

身心靈療法——靈氣、花精、頌缽

靈氣治療可以說是一種「能量療法（energy healing）」。因為動物溝通領域多數是身心靈領域的溝通師，所以很多會運用靈氣治療來協助動物，在成為溝通師的這一路上，我們也陸續學習了靈氣治療、擴大療法、花精、彩油、頌缽、觸療等多種方式，希望從中體會，也找到能好好幫助動物們的方法。由於接觸了許多療法，加上從小有宗教的靈療洗禮背景，漸漸較能全面性地理解許多身心靈療法的核心。

各種靈性療法大致上多可歸納為能量療法。能量療法就是透過既定的想像或儀式，將自身譬喻為「導管」或「引導媒介」的概念，引導外界或自然產生的各種能量來促進健康，對於各種能量療法來說，每個人都能使用能量來協助他人與自己，且對於信賴能量療法的族群來說，各種運動、草藥、自然療法、氣功、替代療法或物理治療等等，都具有協助身心靈能量平衡的效果。

能量療法與一般的氣功不同，它比較屬於透過意念想像的過程。有關意念或祈禱是否能協助疾病或生理改變，在國際知名精神分析師、心理治療臨床工作者梅爾所著的《不可思議的直覺力——超感知覺檔案》一書中，以及美國前第一夫人希拉蕊女士的「醫療改革團」要員勞瑞・杜西（Larry dossey[1]）醫生在其《超越身體的療癒》（Healing beyond the Body: Medicine and the Infinite Reach of the Mind）書中都有談到遠距代禱、關愛與幽默等心靈意識在治療過程中所起的作用。

各系統能量療法的進行方式其實大同小異，多數會運用意念想像自己像是導管或媒介者，引導來自宇宙或天地間的能量，透過這些本存於世界的能量來協助人或動物。有的系統會呼請一些神、上師、高靈、天使或任何的靈體，在感覺到這些靈體的力量後，藉由想像靈體能量的過程進行傳遞；有的系統則是單純直接想像透過宇宙的能量來進行。所有系統的進行過程中都需要專注且無雜念的投入，執行者在過程中不需要想太多或做太多什麼，只需要感受並想像能量傳遞與供應即可；有的系統會透過雙手的能量傳遞，或想像的各種形式來給予，同樣會直到自己感覺到能量漸緩或自然終止為止。

許多研究結果顯示，人們愈來愈能一窺能量療法的有效性，但能量療法就像動物溝通、氣功、塔羅或卜卦一樣，邏輯上常會出現一種盲點，這盲點也是人們容易詬病或排斥的原因。在許多相關

1　勞瑞・杜西醫生不被既有的科學觀侷限，曾獲各大醫療單位的榮譽貢獻獎。目前有超過八十所醫學院設立相關科系，並以勞瑞・杜西醫生的相關作品作為指定參考書目。對於靈性醫療與相關科學有興趣，可以搜尋勞瑞・杜西醫生的相關研究與文獻進行了解。

課程中，會告知我們某某研究顯示的有效性，但每一個系統的能量療法都是有效的嗎？既使研究結果顯示能量療法的效果是具體的，但從導師到眼前這位施作者，每個人做的能量療法都是有效的嗎？正為你服務的人，雖然告訴你能量療法是存在的，但他的實作就是研究成果中的品質嗎？

又或者就像我們大家都知道西醫是有效的，但每個醫生做的醫療都是一樣的嗎？動物溝通資訊也可以受驗證，但如果沒有受過檢驗，又怎麼知道溝通師的資訊程度有多少可信賴呢？塔羅或流傳幾千年的易經占卜也許有其準確度，但每個塔羅或易經老師都是準的嗎？這就是常被社會詬病的盲點所在，所以當我們在找尋能量療法服務或相關服務時，就需要尋找真正可信任的人或有認證的諮詢師，甚至就像多去不同動物醫院一樣，多問幾間取共同的方向也是不錯的方法。總之，帶著開放而不偏限的心是重要的，但不全然迷信且保有一定的判斷力也是必要的。

醫療直覺感應（medical intuition）

在梅爾的《不可思議的直覺力——超感知覺檔案》中也有談到某些醫生、護士或心理治療工作者似乎有一種預知病情的直覺能力，這種直覺能力被美國知名動物溝通師瑪塔・威廉斯稱為「醫療直覺感應」。

醫療直覺感應是多數動物溝通師都擁有的能力，就是以直覺來洞察動物的健康狀況。有些人是透過直接詢問動物的方式進行，就像問診一樣直接詢問再接收動物資訊，但醫療直覺感應最多只能當作輔助工具，請仍然以醫師的檢查報告為準，畢竟動物溝通就有出錯的機率，所以即使全球知名溝通師都一致認為是絕佳的狀態，也有出錯的機率。通常有七成的準確度就可以說是及格，八成以上是相當良好，九成準確度就是完美狀態了。但治療的過程關係重大，所以使用醫療直覺感應時，最好多詢問不同的溝通師，或僅視為輔助方為上策。

雖然動物溝通有出錯的機率，但在美國能有超過三十多年的歷史，甚至流傳到亞洲，必定有其道理。在我們自己經驗的中，也有太多次幸好有進行溝通的案例。多數溝通進行時，溝通師證實了動物的狀態也正確回饋飼主，並告知飼主動物的想法，但也有很多時候是飼主根本還不知道動物的健康狀況，有些是症狀還未出現，有些是暫時還無法檢查出，甚至也有少數是誤診的情況，幸好透過動物溝通，讓飼主儘早知道動物的狀況。然而這並不代表動物醫生不專業，而是真的難免會有遺漏或疏失，就像動物溝通也有錯誤的可能。

時常耳聞很多醫生其實不喜歡飼主告知：「動物溝通師說這孩子哪裡哪裡有問題，可以幫我檢查嗎？」雖然飼主是愛子心切，但對於部分醫生來說，可能會覺得不被尊重，所以也建議未來當你成為溝通師時，可以主動與信賴、開放的醫生聯繫。我們很常跟醫生進行資訊交換，大家都是帶著善意與愛在為動物服務，當彼此能透過不同的角度一同幫助動物時，這樣的過程是非常有效的。倘若有一天你也成為了動物溝通師，不僅要強化自己的準確度，請千萬記得也**多尊重不同的專業，並與不同專業一同合作，保持開放的心、用真誠融化質疑**，不久後相信你也會得到不同專業的認可。

三 臨終溝通，帶領飼主走出悲傷

我們一直呼籲想從事臨終溝通的溝通師了解心理諮商中的臨終關懷。因為遇到死亡，真正放不下的，其實是飼主。

動物面對死亡跟我們人類真的很不一樣，尤其在開始做動物溝通後體會更深。動物並不覺得死亡是很恐怖的事情，更不是需要用盡全力去避免的，真正害怕死亡與消失的是我們人類。

我們對抗死亡，動物選擇接受

從出生開始，我們好像就不斷地在對抗死亡，有人說：「當我們開始擁有時，也是結束的開始」，人類是大自然中唯一死後還會想要留住骨灰、大體或任何事物的動物，甚至我們許多人一輩子活著的目的就是想要在誰的心中留下一個位置，或活出一個自己想要的樣子。為了這些我們努力地爭、努力地追，有人爭權、有人奪利，有人想要被他人看得起，有人追求公平與正義，更多人希望自己與眾不同，出類拔萃，待一切到手後才又意識到生命與身體機能的短暫，於是千方百計地希望留住些什麼，一生與消逝對抗著。

與同伴動物相處時，我們也總是與無常的生、老、病、死，頑強鬥爭著。動物懂得埋藏食物，但**從沒有其他動物會在同伴死後，埋葬對方的屍體**，會埋葬屍體或想要留下什麼的只有我們人類，**只有我們才會捨不得這燦爛的一切**，所有的動物死後就是把自己交還給大自然而已。

最放不下的是，對飼主的牽掛

雖然動物並不怕死，也沒有會想要留下什麼，但瀕死的動物也還是會因為即將要離去而感到哀傷，讓牠們最放不下的，常是悲傷的飼主。我曾溝通過一個瀕死的小貓，他在離開前希望我轉告牠的媽媽（飼主），牠很希望媽媽能找到一個好的男生，代替自己陪她走下去。牠說：「牠知道媽媽其實很孤獨，常常想念著某一個人。」牠很喜歡跟媽媽在一起的時光，也告訴了我很多關於媽媽的事情，希望讓媽媽相信，現在的牠是真的想傳達最後的資訊。

小貓說牠的媽媽是一個很善良的人，有時候拿罐罐給其他小貓吃，牠會生氣，牠也會因此故意去抓家裡房間的門，或當天晚上故意在床上尿尿。但牠，真的很擔心她……很想告訴她，自己的死是很自然的事，自己的身體也因為老了有很多不舒服，但最放不下的就是牠的媽媽。

對動物來說，牠們很清楚每一刻都是很難得的，此生的每一刻都是稍縱即逝而難能可貴的。很多時候牠們對於夥伴的死亡也很清楚，並且會感到悲傷，甚至在失去對方後，也會卡在情緒裡過不去，造成憂鬱或食不下嚥，但對於自己的死亡，卻常常比較放得下，唯獨對身旁的飼主或夥伴，有時會割捨不下。

了解關於悲傷的歷程

未來即將成為動物溝通師的你，會很常遇見想來做臨終溝通的飼主，面對飼主，不是要告訴他「不要傷心、不要難過」就有辦法，更不是要飼主在此刻就接受你的建議：節哀順變、動物才不怕死、是你自己情緒過不去、你再難過對方走不了、人死了就會去新的地方等等，或任何要求。

不同的人，面對臨終與失去的狀況全然不同，有的人可能經過安慰後就能放下，有的人則不容易。每一個人，在一生中都會遭受許多無法避免的失落。例如：父母、兄弟姊妹、配偶、兒女的死亡、離異，或是需要離開你所喜愛的工作或朋友、失去身體的健康、失去未來、失去同伴動物等，都會帶給你或周遭的人傷感、哀慟。

悲傷的五種心理階段

在面對失去與死亡的時候，庫伯勒—羅絲（Kübler-Ross）[1]認為我們會有五種心理階段：

1、否認與孤立：指悲傷者無法相信事實會發生在自己身上。

2、憤怒與生氣：理智上已接受失落事實，但是情感上仍會有挫折感，並對動物的離開感到憤怒，或是對自己所遭受的不公平待遇生氣。

3、討價還價：此階段的悲傷者會企圖拉回關係，對動物的離開未能完全接受，出現許多非理智或各種退化的行為。

4、沮喪與憂鬱：開始承認失落的事實並感到沮喪。

1　生死學大師庫伯勒—羅絲（Kü bler-Ross）在他 1969 年出版的《論死亡與臨終》（On Death and Dying）一書中，提出悲傷的五種心理階段。

5、接受：悲傷者已能接受失落事件，並慢慢適應失落後的新生活。

悲傷者的虛弱與不適

我們說「心碎」常是對悲傷者的一種譬喻。根據許多有關悲傷者的研究指出，悲傷者的疾病和死亡比率都會隨著悲傷而增加。多數的悲傷者共同的表現就是虛弱（marasmus），另外有研究指出，悲傷者也常會伴隨出現過度神經質、憂鬱或莫名的恐懼、夢魘、失落，甚至間接出現各種失眠、工作能力減退、疲勞、頭痛、暈眩、失神、皮膚疹、消化不良、嘔吐、心臟急速跳動、胸口疼痛等各種心因性生理症狀。當飼主遇到這些時刻的時候，請記得不要急著讓飼主解決問題、離開負面的情緒，或是去面對。我們一輩子都不會知道，這如同親人般的孩子對他（她）來說有多麼地重要，請千萬記得不要用我們自己度過痛苦的方式，期待對方也能如此度過痛苦。

哀悼的四個時期

英國精神科醫師科林•帕克斯（Colin Parkes）將哀悼分為四個時期：

1、麻木時期：此狀態有助於暫時逃避失落的事實。

2、渴念期：悲傷者會很希望動物能回來，並否認失去為不變的事實。

3、解組和絕望期：此時悲傷者難以發揮正常生活功能。

4、重組期：開始回復正常生活。

哀悼的四個任務

悲傷治療專家沃登（J. William Worden）提出哀悼歷程的四個任務：

1、接受失落的事實。

2、經驗、感受悲傷與失落所帶來的痛苦。

3、重新適應一個逝者不存在的新環境。

4、將對逝者的情感重新投注在未來的生活上。

不急著解決負面情緒

當我們仔細地去看，你會發現每一階段的不容易。在這講求效率的時代，多數人在面對問題時，習慣以解決問題為導向，當溝通師與飼主會談的時候，也會不自覺地以解決問題為優先考量。於是，在會談中總是期待能趕快有效解決、趕快讓一切迅速地步入常軌，但卻忘了人心不是機器，很多的情緒感受並不是用「解決」就好的。

一個好的溝通師會讓對方能完整地感受自己的感覺，能夠理解也保留每個人難過的權力，甚至知道有時候人就是要好好難過一場，不單單只是解決問題。更多時候，很多人會不自覺地希望飼主能立即克服負面情緒，以為解決就是完全擺脫負面情緒。於是，不斷提供自己的意見、提供自己認為的正確答案。一般人當然很希望立刻找到一塊浮木能馬上改變所有問題，但卻忘了，真正能解決問題的常常只有我們自己。

讓飼主與情緒共處

對我來說，溝通的過程也像是學習與情緒共處的智慧，並不是要求或教導飼主去克服悲傷或失落。很多時候動物溝通更需要我們去看見飼主一路走來的顛簸，或是那些多麼難能可貴的努力。其實，很多時候我們早就都知道應該怎麼做了，做不到必然有我們的困難，**好的溝通師不會只是去要求或教導，而是真正地陪伴飼主看見問題**，才有可能解決困難。如果少了這些看見，永遠靠近不了飼主的心，也永遠無法真正地改善飼寵關係，溝通師也成為一個只會不斷要求或教育別人的人；不然就是隨著飼主的期待，成為壓迫動物的另一個幫手。這樣的溝通，不是改善不了關係，就是間接迫使一方去壓抑自己而已。

溝通師的自我認知

我們也發現很多溝通師在會談中，會出現一種隱性需求，需要能感覺到「自己是有用的、自己是能幫上忙、自己有效能」，這種需求常常在會談中呈現，但本人不自覺。使得很多溝通師在遇到挫敗或飼主無法振作時，容易氣餒或煩躁，彷彿總需要確保自己能幫上對方。

其實，有很多時候，飼主的困難是我們幫不上忙的，就像人生裡有太多太多的事情是人們無能為力的，這就是身為人的限制。我們都需要面對自己的脆弱與無能，有勇氣承認很多事我們辦不到，有一天你會理解，這份勇氣能幫助我們自然地陪著飼主面對他的困難；我們不會因恐懼而逃避，或只想要趕緊解決問題，不願去面對那些難受。**當我們有勇氣面對自己的無力，才能深深地了解到飼主的困難**，進而能慢慢地與飼主一起前行。

很多時候不是一次的會談，就能全然解決飼寵問題，甚至無法幫助臨終的飼主就這麼走出悲傷，所以我們更需要懂得與那些挫敗、悲傷共處。這一路上無論是心理師的工作，還是動物溝通師的職業，我們都遇見了太多無法解決的事情，很多時候真的不是需要誰去解決，而是需要真正的陪伴，陪飼主一起去看見自己的困境。對我們來說，這才是動物溝通的真諦，才是動物溝通的溫度。動物溝通師絕對不只是一個翻譯員，更不只是一本傳達動物內心世界的聯絡簿而已。尤其是面對同伴動物生病或即將離去的時刻，更需要我們能懂得溝通的智慧。

輔導悲傷的幾個辦法

心理學家施特勒貝（Stroebe）與舒特（Schut）曾提出「雙軌歷程模式」來協助悲傷的人們。他們認為喪親（寵）者不一定要接受失落的事實才能走出悲傷，有的時候讓自己處於悲傷、去經歷疼痛、去情緒發洩，或有意義地去解除彼此的聯結都很好；也可以讓自己專注在認知主導的復原導向，譬如：專注生活上的改變、用新活動分散注意力、發展新的社會角色、創造新的身份或建立新的關係；有時候什麼也不進行，好好地讓自己停滯與放空。歷經哀傷需要一段長時間反覆地來來回回，整個歷程就像一個動態的非直線歷程。

一個悲傷的飼主會在失落、恢復與停滯之間來回交替。可能一會兒對抗失落，一會兒選擇逃避，然後又邁向恢復的路，在飼主情緒交替的過程裡，理解也允許這些來來回回的擺盪是必要的。當然，你也可以邀請飼主對動物表達感謝或傳遞任何還沒說出來的話、也可以邀請飼主書寫心情、寫信給動物，或請飼主自行念誦一些宗教經文給動物。你也可以請飼主做一本回憶錄，在製作過程中重新經驗而漸漸放下；當然，更可以照你的信仰為動物們舉辦一場告別式，甚至慎重地請專業人士為動物進行一場超渡法會。也許那場法會超渡的不只是動物，更可能超渡的是哀傷者的情緒。

讓情緒轉化，走向未來

在科學研究中，美國著名精神科醫師大衛・霍金斯（David Hawkins）透過二十年的研究提出了「情緒能量表」，霍金斯告訴我們，情緒就是影響人類能量高低的關鍵，也是影響身心的主因。一個人的情緒自然會觸動我們的思想狀態，我們的思想狀態與情緒高低也影響了當下的行為，這些被影響的行為久了就成為習慣與慣性，這些當下的行為或習慣更直接影響了各項事情的最後結果，這些一個一個的結果與事情久了就成為不斷重複上演的運氣。我們可能會說自己運氣總是不好，但其實這很可能都是每一刻一言一行的影響。這些不好的運氣久了就成為所謂的運途，然後成為了一生的命運。很多人說自己的命不好，其實所謂的命，都是由每一刻的情緒延展開始的。

當你把情緒與生命的種種結合進宗教的概念時，你就會發現無論往生的還是在世的，情緒都創造了我們的頻率狀態。在宗教的概念裡，如果死前帶著悲憤，可能就會一直停留在那狀態。就像電影裡演的，死前刻意穿全身紅色的衣服，死前的情緒就是在極度悲傷、憤怒的狀態時，死後就一直停留那個狀態，直到解決或被超渡感化而放下為止。

那個放下，就是**情緒的轉化，就是超渡**。所有宗教都是透過引人向善的經文、協助懺悔放下的經文，或經由宗教人士的冥想、心念的影響、宗教大師自身修為的感化，或是各種方式來協助體悟、放下，所謂「超渡」說的正是讓在世或離世的所有人內心轉化，也就是轉化情緒的意思。而你此刻所學習的動物溝通，正是一個得以幫助動物傳達，甚至幫助飼主得以轉化情緒的過程。動物溝通就是一項行善與助人的工作，也是我們如此推廣希望讓更多人體會的原因。

很想好好地分享關於悲傷輔導的一切，但我們知道不可能用一個章節談完所有要講的。回想過去學習過程，單一個悲傷輔導就需要好幾本厚厚的專書才可能講得完，而且經過每學期三學分、每週三堂課的課程才可能學到一些皮毛，更需要在日後實務中慢慢體會並用所學。愈做反而愈覺得自己還有很多要學習。所以，在這裡跟各位說聲抱歉，只能簡要分享粗淺的部分。關於溝通的專業、臨終、生命中各種點點滴滴的相處眉角，如果有興趣也可以搜尋「寵物溝通自學——台灣動物溝通關懷協會」，協會有安排一些免費主題與課程讓各位繼續學習。

四 失蹤協尋的困難與對應方法

失蹤協尋的過程中，當飼主比較著急時，更需要我們的耐心與同理，好好接住飼主的情緒是最重要的事。

在還沒有正式踏入動物溝通領域前，我們也很難理解為什麼很多溝通師不做失蹤協尋，難道是不敢面對檢核嗎？因為找不到感覺就是一翻兩瞪眼。一直到開始溝通後才發現，事情還真沒有那麼簡單。

失蹤協尋的困難點

打個比方，今天走失的如果一個會說中文，但記不住家裡地址，也記不住爸爸、媽媽名字的小孩，你問他現在在哪裡？出家門以後經過了哪些地方？他也能告訴你他現在在馬路邊，前面有一排大樹，剛剛經過很熱鬧的夜市，還有一些住宅大樓，請問這時候要怎麼幫助他找到回家的路呢？

再舉另一個例子，假如今天換作是你跟朋友約在台北西門町，打電話跟朋友通話，但你要像動物一樣不能使用路名、地標或任何名稱，只能形容你看到的景象，你覺得有辦法跟朋友輕鬆見到面嗎？超困難的吧！而且我們很難要求動物呆站在原地，剛剛的情況還要加上你不斷走動，請問你的朋友要怎麼在西門町找到你呢？就算你朋友很清楚你的位置，但他抵達時已經半小時或數小時後了，你當下可能遇見朋友嗎？

動物本身的因素

有養動物的朋友都很清楚，即使是黏人的狗狗，單純在公園裡散步，一轉眼都可以忘了自己身在何處，然後四處亂跑找主人。就算是我們人類相約，不使用文字、路名都很難形容自己的位置了，更何況到達時還可能擦身而過。而且更重要的是，很多動物根本不想跟飼主回去，很多不想回家的動物遠遠看到飼主或熟悉的人反而會躲起來。在過往經驗中，很多飼主會回饋，當場都聽到叫聲了，就是找不到牠到底躲在哪裡。這些都是失蹤協尋如此困難的原因。

溝通師自身的難處

另外，也有很多溝通師不接失蹤協尋的原因是時間安排有困難。親如家人的動物走失是很令人著急的事，在城市裡走失的時間愈久，要找到的機會又更加困難，所以通常溝通師接到失蹤協尋案件時，都需要立刻空出時間，加上失蹤協尋時飼主常會隨時來電跟溝通師聯繫，對多數溝通師來說，要緊急排出時間或是要隨時準備接飼主電話都是不容易的，時間也是最難克服的因素。

除了上述原因以外，也常聽見一些溝通師會對於失蹤協尋案件感到疲憊，因為失蹤協尋案件的飼主大多都很焦急，多數飼主在著急情緒下也能好好溝通，但還是有少數的飼主一旦焦急起來就會陷入情緒的泥沼。如果溝通師內在不夠穩定，自己的心情可能也會大受影響，輕則跟著飼主一起著急，重則因為雙方的著急產生了磨擦，或是成為飼主情緒宣洩的對象，這些在整個亞洲各地時有耳聞。失蹤協尋的過程中，當飼主比較著急時，更需要溝通師的耐心與同理，能夠好好接住飼主情緒是最重要的第一件事，但這過程畢竟會比一般案件還要花更多的時間跟精力，加上要緊急安排時間出來，所以對於多數溝通師來說比較沒辦法接失蹤協尋案例。

協尋前的準備事項與步驟

- 做好心理準備，保持你內在的穩定，預備好飼主可能會出現不安或焦慮的情緒。
- 設立好你進行失蹤案件的規則，向飼主清楚說明溝通進行的流程與規則。無論你是否可以隨時讓飼主聯繫，還是協尋成功與否的費用，都要在事前完整、清楚地說明。
- 在與飼主說明預約或會談流程時，同時協助飼主進行安心練習，或用各種你熟悉的方式協助飼主安定身心。
- 進行失蹤協尋溝通時，如同所有溝通一樣，全然信任你所接收到的直覺資訊，無論好壞或生死，無須根據理性思維或蛛絲馬跡來圓融你的資訊，全然信任自己的直覺，用適當的方式如實回報飼主正確資訊是非常重要的過程。
- 判定失蹤動物生死。有大量經驗的溝通師透過接收資訊的過程自然就知道動物的生死，如果你的經驗比較淺，你可以直接詢問動物，也可以將專注放在感覺自己的內心，感覺看看動物此刻是生還是死，如果資訊不清楚，就反覆地問自己的內在，直到感覺確定為止。

- 當確定生死後，你可以主動詢問想問的問題，或讓動物自由傳訊給你，這部分隨個人習慣而定。也可以搭配地圖使用，或是運用動物溝通卡、塔羅、易經占卜或各種你熟悉的工具。
- 在這個階段，可以邀請動物們把走失的過程，盡可能地顯示給我們看。同時，也可以想像自己就是失蹤的動物，從牠的視野中，觀看牠走過的路線。當然，這過程不可能像行車紀錄器一樣能夠完整地呈現，多數動物或人類可能都無法將走過的路線完整回憶出來，所以也可以邀請動物將有印象的地標或物件呈現出來，都可以增加協尋成功的可能。
- 當你用你熟悉的方式收集了足夠的資訊後，請多詢問動物此刻的心理狀態。是否清楚回家的路？是否有人一起？此刻身在何處？有沒有聽見、聞到、看見、嘗到或感覺到什麼？生理狀況是否良好？是否受傷或被傷害？如果是被帶走沿路有看見什麼？或詢問動物任何能幫助牠回家的重要資訊，同時也記得可以傳遞適當的安撫與建議，協助動物也安定下來，增加飼主尋獲機會。
- 在與飼主會談的過程，盡可能地先提供飼主資訊核對，核定我們的資訊準確度，同時也可以增進飼主的安心與信心。而後，如實完整地將資訊適當地告知飼主。請千萬記得「適當」二字，因為動物失蹤，飼主總是焦慮不安的，請在過程中隨時保持與飼主開放的互動和對話，必要時也好好照顧飼主的心。

第六章

如何完成一場好的溝通

完成溝通

如何做到「有效性的會談」，試著慢慢成為一名讓飼主安心、信賴的溝通師。

前面五章我們從各種角度探索了超感知覺 ESP 裡與動物溝通的現象、方法與相關研究，這種能與動物溝通的人體潛能 ESP 在西方也被視為一種心靈超常現象（Supernormal，簡稱為 PSI）。在美國加州思維科學研究所（IONS）擔任首席科學家的雷丁（Dean Radin），於二〇一三年出版的《超常：科學、瑜珈與非凡心靈能力的證據》（Supernormal: Science, yoga, and the evidence for extraordinary psychic abilities）一書中，也談到了許多與動物溝通相關的遙視力（remote viewing）研究證據。

用開放的態度探索世界

根據全球知名的蓋洛普民意調查（Gallup poll）報告顯示，有大約四分之三的美國人相信超自然能力的存在，僅有百分之七的美國人完全不認為有超自然能力。雷丁也提到，全球雖多數人相信並為超常現象著迷，但專聘研究的研究員卻在高等教育中占不到百分之一的比例。所幸，現在有愈來愈多年輕科學家帶著更開放的態度在探索世界，現在我們不僅可以發表，也可以在許多主流刊物上看見愈來愈多的相關研究。

包括許多極具聲譽的科學家都曾投稿的《科學人》（Scientific American）雜誌也曾表明：愛因斯坦稱之為「鬼魅般的超距作用」，不僅存在於粒子的微觀層面，也可能存在於人類的生活層面；英國著名的心理學家李察・韋斯曼（Richard Wiseman），也是對所有特殊現象都持懷疑態度的懷疑論者，在接受《每日郵報》採訪時也表示：以科學領域的標準來看，遙視是已被證明存在的能力。

其實全世界早已有太多學者發現超常現象的真實存在，但就如雷丁在書中提到的一樣：「**對於許多人來說，這些是不可思議的事情，但對於一個有經驗的瑜珈士或修行者來說，這就是非常普通的一種能力而已**。一個持懷疑態度的科學家並沒有花上數百、數千小時去修習過，他會需要透過嚴格控制變項且不斷重複得來的數據，證明事實大於偶然，但對於真正實修的瑜珈士來說，只需要自己的體驗就夠了。」

成為值得信賴的溝通師

當你開始踏上動物溝通的路上，你可能和我們一樣會受到許多懷疑論者的質疑，就像在台灣地區也僅有少數學者投入這塊領域。幸好，我們動物溝通的資訊都是可以被飼主驗證的，雖然無法給出百分之百正確的資訊，但也足以讓人信賴。當你未來走在動物溝通的路上遇到質疑時，其實不必急著反駁，也不必要讓所有人都相信或明白，每個願意了解動物溝通領域的人都是有興趣的，**同理每個人可能會有的好奇與懷疑，帶著開放的心與彈性思考而接納他們的你**，更會成為一名安穩而讓人信賴的溝通師。

當然，能提供正確的資訊讓人信賴是動物溝通的基礎，更重要的是在會談中真正幫助到飼主。還記得心理派動物溝通的三大學習主軸嗎？學習放下紛擾的意識、練習迎接內在的直覺、學習有效性的會談方式。在這最後的章節裡，要與你一起討論的就是如何做到「有效性的會談」，**試著讓你慢慢成為一名讓飼主安心信賴的溝通師**。這當然不是容易的事情，就像運動、健身、任何技術、任何學問一樣，動物溝通要能夠做出有效性的會談，還是需要長期的吸收並進行訓練才可能。但只要你願意，你也會是一名優秀的動物溝通師。

一、從心理派的理念，談溝通訣竅

溝通從不是為了改變對方，不是壓迫或要求，是在保障彼此的渴望下，找到平衡的過程。

無論在心理諮商，還是哲學諮商會談裡，諮商師都會透過不同的方式，開拓當事人對事情的看法與角度。如同許多宗教談的一樣，去體會別人的苦，常常是我們能夠釋懷很重要的方法。對很多人來說，溝通的預期結果是能去改變對方或動物，但我們的期待不是。

我們期待與動物、孩子們的心靠近。我們認為：「**溝通從不是為了改變對方**，而是為了找到能讓彼此都可以理解、感到舒服之處，不是為了說服或是達成什麼目的。溝通的過程中更需要的是，坦誠、傾聽、理解與尊重。」所謂的溝通，是在彼此都能保障自己的渴望下，找到平衡的過程，而**不是壓迫或要求**。我常談到一個例子是這樣子的。

假如今天一個男生與一個女生交往，男生覺得一週見面三天就好，女生期待一週至少見面五天。我在亞洲各地區問過許多人，多數人都說兩個人都退讓一點就好了呀，就見面四天吧，彼此各退一步。

沒錯，日常生活中我們總是各退一步，在這裡退一步，在那裡也退一步，我們總是退了一步又一步。各位有沒有發現，假如真的一週見面四天兩個人會有什麼感受？

不同的渴求該如何滿足

你仔細思考，會發現一個永遠太多、一個永遠太少，兩個人誰都不滿足，也永遠都覺得自己委屈。這樣的模式造成了我們在這邊也不滿足，那邊也不滿足，生活感覺處處都不滿足。在心理諮商的概念中，互動其實不是這樣子的，每個人的聲音都很重要，需要在技巧上完成部分滿足，而不是都不滿足。

部分滿足，表達重視

這裡的部分滿足就是一週三天、一週五天的見面。當這一週只見面三天，男生會覺得下一週就可以五天了，因為男生的需求有被滿足，下一週有的憋屈也自然能承受了，同樣地，女生也是如此。

這裡的重點是**每個人的需求都是重要的，每個人的渴望也都該被在乎**、被呵護。這是理解，更是尊重，很多時候我們求的不一定是事情的結果總是如願，我們都知道世事未必都能如願，我們內心深處渴望的、需要的其實是一份重視、一份被人放在心上的價值，人都需要價值感、存在感。**動物溝通師在會談中的傾聽，看似與一般聊天沒什麼不同，但其實裡頭傳遞的是一份尊重、一份深深放在心上的過程**，這不僅常常是溝通創造效果的關鍵，更是一種示範的展示，示範什麼是在乎、什麼是尊重、什麼是沒有壓力的愛。

站在對方的角度想

在所有關係裡我們都要學習不帶給別人壓力的愛。一般我們很容易用自己期待被對待的方式，去對待別人；我們很少用別人想要被對待的方式，去對待別人，我們甚至很少理解對方想要什麼，甚至更多人連自己想要什麼都不知道。倘若，在雙方關係裡，我們都不太理解對方，不知道對方真的想要什麼，那我們怎麼滿足對方呢？怎麼真的讓對方快樂呢？然後我們努力很久，還覺得對方沒有看見。

甚至，如果連我們都不知道自己想要什麼，那旁邊的人又怎麼去滿足我們、怎麼讓我們快樂呢？這不只是所有的關係都要思考的重要議題，更是在動物溝通的飼寵關係中非常常見，但沒有好好被重視的現象，動物溝通師不應該只是指導飼主應該這樣做、應該那樣做，不應該一直要求飼主如何如何，或透過不同方式要求動物應該如何如何，**這些看似有幫助的指導，其實不只剝奪了飼主找到解決之道的權力，也隱隱拉遠了彼此的距離**，甚至很容易將問題產生的責任，放在某一方身上，很容易產生責怪。

以為只要讓某一方改變，問題就消失了，然後一股腦地責怪或著手「改變對方」，用道理、情緒或各種方式來改變對方，卻都忘了該好好地停下來，聽一聽彼此的聲音。

理解的力量，遠比改變的力量強大

如果帶著想要對方改變的心，就不叫溝通了，那也不是動物溝通了。心理派動物溝通也因為這些理念，而有幾個特徵。如果你喜歡心理派的溝通模式，你可以參考運用：

1、可驗證的動物溝通

我們傾向一開始不向飼主取得任何資訊，將動物給我們的訊息全數整理後，在溝通前先行傳給飼主。讓飼主能非常清楚收到的訊息，都不是事先取得的資訊，透過這樣的驗證過程，也讓飼主清楚知道這就是動物溝通。

2、過程以會談為主

心理派動物溝通的會談方向，傾向深刻地了解彼此。當然有必要情況時，也可以用問答的方式進行，但溝通師若能耐心從各面向進行了解，會更能貼近每一份需求，減少疏忽或強迫的可能發生。

3、更多的傾聽，更少的指導

我們認為沒有人不願意改變，做不到的背後一定有各自的難處與困境，與其指導對方，不如好好傾聽。當我們不想改變對方時，改變才真正開始，也才看得到對方的美好。當我們看得到彼此的美好，自然也比較多空間等待對方改變，那時我們看見的比較多是力量，而不是需要被指導的缺陷。

4、促進關係，不只是解決問題

無論人與人相處，還是動物與人相處，要解決的都不是誰的問題，永遠要促進的都是彼此的關係。

5、將溝通定義在達成雙方理解

很多時候，人都不了解自己了，更何況能了解另一個人。遇到與我們更不同的動物，彼此之間當然存在更多的差異。正因如此，心理派動物溝通師將整個溝通的目的與方向，定位在促進雙方的理解，而不是以解決問題為導向，更不是要求誰接受另一方的請求。當然，不是代表完全沒有要求或教導，只是在這些教導背後，有更多的理解與體諒。

6、透過整合，找到專屬溝通模式

心理派動物溝通師訓練過程中，我們以學習、理解超感知覺的核心關鍵為學習主軸，在了解關鍵的基礎下進行各種方向的練習，廣納也整合出屬於自己的動物溝通進行方式。我們認為初期溝通師是在模仿中學習，但最終都要整合出專屬自己的溝通模式，而非單純按照制式方法學習。

7、從生命中的體會，學習溝通

我們認為，一個溝通師要能做好溝通，他需要從生命中體會何謂「溝通」。生命中所遇的點點滴滴都可能是創造良好溝通的養分，學習動物溝通的技術需要時間，學習溝通更需要。心理派動物溝通不僅期待在學習的路上，讓溝通師成為一名專業助人者，更期待學習者自己的生活也能慢下來，好好地體會生命中的難得與美好。唯有當我們自己走過時，才可能帶著飼主一起走過。

透過溝通，我們學會理解與成全

記得大概兩年前有位飼主前來預約溝通，這位飼主是一個很有愛心的小男生。他說大概是三個多月前，在家附近的空地看見狗媽媽，還有一群剛出生的小狗狗。尋思附近沒有太多的食物源，他每天下班就都會順道準備一些食物給那群狗狗。大約一週後他下班去餵食時，發現整群狗狗都不見了。他本來也不以為意，但在離開時耳邊依稀聽見小狗的哀嚎聲，找了一會發現一隻落單的小狗狗掉在水溝裡，但附近並沒有其他狗狗的蹤影，他把那隻小狗狗救起後本想帶牠回家，但那小狗狗一溜菸地就往原本的棲身處窩著，叫也叫不動，帶也帶不走。

小狗狗的真實心聲

後來他不為難狗狗，就在原處固定送餐養起牠了，一養就是兩個多月了。但眼瞧冬天快來了，加上他有點不放心小狗狗一隻狗住在外頭，剛好看見網上幾個朋友都來找我們溝通，仔細了解後覺得安心也信任，便帶著期待，希望能透過溝通過程，順利讓小狗願意跟著自己回家。

感受到這個小男生的善心，頗受感動的我們接下了這個案子，在說明所有流程與注意事項後，便請小男生傳幾張小狗狗的照片給我們，也約定了下次會談的時間。於是我們開始跟狗狗溝通，但在溝通過程我們發現那隻小狗狗與一般狗狗好像不太一樣，畫面中他好想念母親跟其他的狗狗，也喜歡在附近草地打滾的感覺，附近臭水溝的味道，還有雨總是會落在鐵皮上的滴答聲，也感覺到那隻小狗狗好喜歡待在外頭的自由自在，我們試著在過程中轉達小男生的心意，狗狗說小男生曾經帶他回家。一般來說小狗是很親人且容易習慣的，但這隻想媽媽的小狗狗很特別，牠在小男生家不僅一直汪汪叫，同時很快就趁隙跑出房門了。牠說：「牠如果跟他回家，就再也等不到媽媽了……。」

在來回的訊息接收與傳遞中，漸漸能確定一件事，這隻狗狗並不想要被飼養。身為一位溝通師每次遇到這個狀況，總是會想深呼吸一口。如果是你，你會真實傳遞狗狗的想法，讓這位滿懷期望的小男生失望，還是會為了小男生開心，想盡辦法讓狗狗心甘情願跟著飼主回家呢？在外頭流浪是很辛苦的，包括要面臨颱風、任何天災、人禍與被欺負的風險，但成為家犬也有相對的代價與犧牲，到底要「說服」狗狗接受小男生所提的建議，還是要「說服」小男生面對狗狗不想跟他回家的事實呢？其實不只是動物溝通，所有的一般心理諮商會談也都會出現生命的抉擇與兩難，無論你站在哪一邊選擇哪一方，都勢必會要求其中一方讓步，而你也選擇了成為一個「說服者」。

溝通師必須坦誠以告

看著小男生的善良與前來預約的懇求，其實對我們來說真的也很捨不得。小男生告訴我狗狗住的地方就是在一處無人煙的荒廢貨車底下，除了日常的風吹雨淋外，最近颱風又可能快要到來，加上附近很多民眾不喜歡野狗，有的人還會下毒去毒死狗狗，趕狗的事件也是時有所聞，狗狗住那附近真的不安全，假如狗狗能跟他回家至少可以確定是安全。在會談的過程中我能深刻感受到，他期待我能傳遞這些聲音給狗狗知道，跟著他回家是多麼棒的事情，也是最正確的決定。但我也能感受到這隻小狗狗雖然很喜歡這個小男生，可是卻沒有任何想被飼養的念頭，而且小狗狗也透過畫面一直告訴我，他想等媽媽回來。

對多數人來說既然付錢的是飼主，完成飼主交辦的任務也是必須的，同時也是證明自己能力的機會，加上當時的我其實也很同意飼主的看法，但我真的還是做不到，沒辦法不理會動物真實的渴望。但我當下並沒有直接教育他應該怎麼做，反而是誠懇的向小男生道了歉，因為當我順著狗狗的渴望時，相對就是要讓他失望了，我試著深深地接住這份他可能出現的失望，也坦誠說明我的心情以及了解他會失望的感受。也許是因為一份坦誠，我們之間開始了不太一樣的關係，彷彿我們更能暢談自己內心真實的感受了。

用真誠換來最真切的心聲

小男生開始說起，他其實知道小狗狗並不想跟他回家，小男生告訴我，他曾經有一次強迫性地把小狗狗直接抱回家，但從狗狗的眼神與逃跑的背影，他知道狗狗真的不想待在他的家裡。我關心小男生當下的心情，他開始娓娓道來他在單親家庭中長大的一些故事，還有想要帶牠回家，背後是因為看到這隻小狗沒有媽媽，想到自己……對他來說，好希望像一般的家庭一樣，有 個喜歡的狗狗能互相陪伴，一起散步、一起吃好多好吃的食物，回家時有牠等門，假日時可以帶牠去公園跑跑，起床時也可以摸摸抱抱牠，就像家人一樣。

小男生說：「他從大學畢業後，就自己一個人住了，幾些年來是有幾個交往對象，但現在也都沒了聯繫。」他好想跟這隻小狗狗一起變老，等牠老了也會好好照顧牠。我一邊慢慢聽著，聽著他的期待，也聽著他的孤單。我們花了一些時間，彼此感受、也彼此體會著此刻失望與孤單。也許是這份理解觸動了小男生，他還告訴我，其實他很小就沒有母親，在他國小的時候，是另一隻的狗狗陪伴，讓他度過許多想念母親的日子，而他好懷念那隻狗狗，還有那段被陪伴的日子。

這份溫柔的訴說，才是他何以如此堅持想要狗狗和他回家的原因。其實他心底比誰都清楚狗狗的心意，所以當我告訴他我無法達成他的期盼時，他也沒有為難我，儘管他還是希望狗狗能跟他回家。

後來我問他：「我知道你好想帶狗狗回家，從那隻狗狗的回應我也知道，你們的關係是很深刻的。假如，狗狗跟你說那破車底下的油味很好聞，雨聲的滴答很美妙，市場的雞肉很美味，他想跟你一起分享這些人間美味，想邀請你一起睡在貨車底下，你願意嗎？」小男生聽完這的問題時，完全不需思考的直接就大聲說：「當然不要！」然後幾秒後就笑了出來。

對這個小男生來說，他深深地體會了狗狗的立場與心意，也放下了糾結的期待。

四

良好溝通五步驟

請溝通師們記得，飼主永遠都比我們更清楚家裡的動物，我們只是一個旁觀者。

這裡的良好溝通五步驟，指的是「與飼主進行會談時」的過程。第一步驟是飼主來預約時的階段。第一步驟結束後，溝通師會找時間與動物進行連線與溝通，並記錄下動物的資訊。接著才會進入第二步驟，第二、三、四、五步驟，就像「起、承、轉、合」一樣。

簡單來說，從第二步驟開始，是已經先跟動物溝通過，且已記錄下動物資訊後，正要與飼主進行會談的一個過程。假如你想了解的是「如何與動物溝通」，關於如何與動物進行溝通的步驟，請閱讀本書第三章。

一、說明過程讓飼主安心

當飼主預約溝通服務時，溝通師可以簡單了解飼主預約的目的為何，同時說明你的溝通進行方式、飼主可能會遇見的狀況、時間、金額等。

在這個階段有兩個關鍵，第一是**記得放慢自己細細去感受，聽出飼主的期待**。很多溝通師急著告知對方該注意的事項或是任何權利、義務等等細節，忘了仔細傾聽飼主的期待，很可能在一開始的時候，你們的關係就已經有段距離了，這是很重要的關鍵，請放下自己的「任務」，當下好好感受飼主前來預約的期待。

第二個關鍵是，因為飼主很可能不了解動物溝通，所以很想，或以為需要一次跟你說清楚家裡動物的狀況，這時你可以先了解是不是飼主不知道動物溝通的進行方式，還是飼主擔心著什麼，是不是擔心如果沒跟你說清楚，你可能會溝通錯方向？此刻請記得時時體會飼主的期待與安心程度，你可以邀請飼主先對你的動物溝通服務方式進行了解，也了解飼主可能存在的擔心或期待。在第一步驟中，最重要的就是要讓飼主慢慢與你建立起適當的互動關係。這適當的互動關係基礎，就在溝通師所散發出的同理、理解程度、態度、身心與專業狀態了。

說明與解釋步驟時記得要以能讓飼主感到安心為主要方向。你可以透過文字告示，或是語音、通話的說明都可以，不論哪種方式都是要幫助飼主有心理預備，包含讓飼主明確知道溝通師進行的方式（問答式還是會談式）、需要準備什麼東西，以及清楚告知溝通的收費標準與付款方式，甚至當遇到要更動預約時間或是飼主忘記時間時，將會怎麼處理。同時，盡可能讓自己對於飼主和動物的資訊呈現空白，盡量邀請飼主不要先告訴你動物的資訊，這不僅讓自己減少預設立場的主觀判斷，也能讓飼主明確辨識到動物溝通師所接收的資訊是正確的，而非是由前頭的討論來推敲得知。

當你完整地做到這些事前告知，並獲得飼主的同意後，你們就可以約好下次會談的日子與時間。請記得，別忘了提醒飼主在會談的時間，尋一處安靜、不會被打擾的地方，也好幫助他在會談時能安靜地回憶與感受。

二、核對資訊與信任建立

在這個步驟之前，溝通師會先找時間與動物溝通，並把接收到的資訊完整地記錄下來，同時在會談到來之前，就先將所有資訊直接傳給飼主。後面附圖就是其中一個溝通的真實範例。

會談的開始：「起」，溝通師的目的在於核對資訊，**透過核對的過程讓飼主自然了解這次溝通的準確程度**，一方面確定資訊的正確性，一方面也建立起飼主的信任。此刻溝通師會跟飼主確認各種飼主本已清楚知道的資訊，無論是動物的玩具、愛吃的食物、喜歡去的地方、常做的動作、朋友、家庭地位、年紀、睡覺地點、家裡的動線與居住環境、性格等等。

三、提供飼主未知的訊息

第三步驟是提供飼主未知的訊息，這就像是「承」先啟後的階段。承著上一階段所創造的準確度、信賴與安心，我們便開始向飼主描述一些飼主本來不知道的資訊，還有各種飼主（人類）無從判別的資訊，包括動物的心情、感受、想法、動物無法說出口的渴望、需求，以及各種飼主無法確認的資訊。

■ 真實溝通範例（配合書籍出版，此範例有經過整理，實際溝通為手稿與手繪圖樣）

1	**狗狗面對陌生人或是跟人互動時的反應，呈現狗狗的個性、特質**	• 跟牠溝通同時牠會趴著，呈現的姿勢比較常不動，但是有吠叫的狀況。 • 被叫時不一定會馬上親人地過來，但會看著人。 • 非常愛吃東西。 • 誇獎牠很可愛的時候時，心情會變得蠻好的。
2	**家裡的場景**	• 有小朋友的推車、也有學步車，呈現出家裡有小嬰兒。（跟飼主核對時知道因為媽媽擔任保母）
3	**狗狗在家的生活影像**	• 呈現一些可以咬的玩具。（布偶或是球）（跟飼主核對時有說到，媽媽照顧小朋友時，狗狗會把小朋友的玩具咬來玩）
4	**狗狗喜歡吃甚麼**	• 最近喜歡吃的零食形狀是小塊偏淺色的。
5	**狗狗平常喜歡待的地方**	• 呈現房間的景象，會睡在床邊，是飼主妹妹的房間。 • 包含趴著的地毯花色、樣式都有表達。
6	**平常散步場景、路線**	• 呈現大概一個路段。
7	**狗狗表示牠身上常穿不同款式的衣服**	• 家人會給牠一些裝扮，筆記：cosplay。
8	**狗狗身體狀況**	• 最近耳朵有點不舒服癢癢的、食物有時候喜歡吃會吃比較多、嗅覺比其他感官來得敏感。
9	**除了飼主以外，還有沒有其他家人**	• 還有兩位女性（飼主是男性），其中一位褲子穿得比較短，狗狗覺得她穿得比較少，有點危險。
10	**狗狗的心情**	• Happy。

這階段的溝通師除了告知飼主一些他所不知道的資訊外，千萬記得更重要的是要去體會，當你闡述動物狀況時，飼主的反應與感受。這是非常重要的關鍵，我們發現很多溝通師會在這階段一味地告知，卻忘了體會飼主聽到時可能的感受。因為這個階段正是看見問題的階段，這些資訊很可能是帶著感傷，或各種飼主可能知道，但還不知如何面對的困境，也可能是各種令人難以承受的事實。

請溝通師記得，飼主永遠都比我們更清楚家裡的寵物，我們只是一個旁觀者。很多時候我們必須去理解身為飼主的不容易與為難之處，所以在闡述動物的資訊時，千萬要將心比心，更細心地感覺、體會飼主可能的感受。當我們愈願意同理彼此，彼此的關係也更靠近。這樣的過程也正示範著如何拉近每一份關係的距離。

四、同理雙方、提供方向、促進關係

當我們在**會談中慢慢看見問題，以及問題裡頭隱藏的困難**時，我們就來到了起承轉合的「轉」的階段，也就是改變的階段。在會談中，所有階段並沒有絕對的界限，有時候會回到提供未知訊息，有時候又會回到核對資訊，這是一個自然流動的會談過程，溝通師所要做的不是階段的設立與進行，而是階段會自然呈現在你的會談之中，溝通師要做的，就單純只是在會談的當下，好好地傾聽，好好地體會飼主可能的感受或為難即可。至於寵物問題的解決，大多可從以下幾種方向著手。

了解動物的習性

這是百分之六十到七十的動物會出現問題的關鍵，也是最大宗的問題關鍵。動物溝通師其實只是動物服務的其中一環，所有的專業都有存在的必要性，動物畢竟與我們人類屬於不同物種，所以牠們有很多的習性與我們人類是不同的，很多時候飼養問題都是因為不了解如何正確照顧動物而衍生。身為動物溝通師我們認為除了動物溝通的技術要學習外，還要學習正確的溝通，以及學習正確的動物飼養知能，這是最重要的三個學習方向。

「台灣動物溝通關懷協會」深知動物溝通師與飼主的需求，所以長年舉辦免費的跨領域專業學習課程，一路上邀請各類型的動物專家一同為大家分享各種教養、飼養方法與觀念，講師費與場地費等等都由協會全額支出，就是希望幫助更多人理解如何正確的飼養寵物，有興趣的朋友也可以從協會官網中查詢相關資訊，每個場次在社群中也都有現場直播。

當溝通師更懂得飼養動物的方式時，請記得用適當的方式、用飼主可以接受的方式，慢慢傳遞給飼主理解，永遠記得最有能力改變的是飼主，不是動物，更不是我們溝通師。

多給予飼主鼓勵與支持，當我們將自己放在協助者的位置，而不覺得自己是專家時，更能夠體會飼主的困難，請記得在引導飼主學習正確的飼育過程時，也體會飼主可能出現的困境，無論是經濟、文化、環境、身心壓力等等，每個人都有每個人的難處，多體諒彼此的苦，更能促進關係與問題的轉變。

動物的情緒問題

動物問題有一大部分來自於內心壓力。有些動物失去了朋友、失去了家人，有的狗狗知道死亡即將到來，很多原因都可能讓動物的心情低落，甚至動物也有憂鬱症的現象，憂鬱不全然是心理因素，很多是伴隨著生理的影響。關於動物的情緒問題，就更需要透過動物溝通的協助來解決。

在處理狗狗情緒問題時，溝通師的關鍵是不要武斷地下判斷，所有的事情都是環環相扣且彼此影響的，每一個結果不全然來自單一個因素，如果當你正確認知到某個資訊時，請記得讓自己等一等，想看看是不是可能這個原因的背後，還有其他可能的影響與因素，如果一個溝通師能更全面地體會動物或飼主的可能處境，問題才可能更妥善地被照顧與處理。多體諒彼此的苦，更能促進關係與問題的改善。

動物的身體狀況

雖然多數動物比人類更能坦然面對自己的死亡，但看著自己日漸不如過往的生理狀況，其實也有許多動物會因此沮喪、失落。在處理相關委託時，可以運用動物溝通協助飼主更清楚動物的身體狀況，飼主同時可以循著習慣的處理方式對溝通師進行建議，也可以提供飼主熟悉的獸醫或治療方法資訊。

另外，別忘了體恤飼主可能存在的擔心與焦慮。每個人或動物面對生老病死都可能有不一樣的感慨與想法，無論動物的身體遇見了什麼問題，面對分離，最重要的關鍵是讓他們知道，彼此都如此掛念著對方，重要的是讓飼主跟動物都知道，他們在彼此心中原來如此如此的重要。那份在乎與被理解，對飼主與動物來說都是非常非常重要的力量。

飼主的身心狀況

從不少動物溝通的服務中我們發現，真正需要溝通的其實是人類。

我的另一個角色是名心理師，過去從小學、初中、高中到高校、成人、特教、醫療診所、監獄、性侵與家暴案件等領域都有服務。包括我自己在內，看見每一個人都受到家庭與環境的影響甚深，動物也同樣如此。無論從統計或各國調查中都會發現，小孩子出現問題時，常常家裡也有些異樣。我們想像一下，假如你每天都沒有工作，也幾乎沒有任何朋友，你唯一有的就是在家裡等著一個主人回來，如果要你想像主人很困難的話，你可以想像一下唯一有的就是你的伴侶。在家無所事事的你，每天都在等伴侶回來，假如伴侶今天回來時心情不好，你覺得你會不會發現？

我想身為每天主要的陪伴對象，也許從對方關門或走路的聲音，你可能就已經感覺到今天的氣氛對不對了。動物更是如此，可能牠的世界就只有你，或少數的其他家人而已，你的一言一行牠們都時時感受著，也同樣被影響著。

有很多動物出現的問題，就像是孩子在成長階段出現的問題行為一樣，是反映著父母或環境的狀況。在心理治療的家族治療裡，我們將這種孩子稱之為「代罪羔羊」，意思是問題的根源不是在孩子身上，而是在家長身上。這不是為了責任的歸屬或責怪，而是為了探索可以解決的方向。很多時候我們容易去責怪或歸咎責任，我們都怕犯錯，如果被咎責時總是會激起自然的心理防衛，但許多的關係相處，包括飼寵關係都是錯綜複雜的，並不是要求其中一方改變就可能辦得到。一方面是雙方都有各自背後的困難，一方面是許多的問題都需要慢慢抽絲剝繭才可能解決，就像是要在一面牆中找到那重要的關鍵一磚，才可能抽一磚讓整面問題的牆倒下，但通常要抽的不只是一塊磚。

關於這個問題的解決，並沒有任何固定的模式可以套用。遇到可能來自人類或環境的影響，最需要的就是溝通師的素養，溝通師的耐心、不責怪、鼓勵，以及各種能夠促進飼主體會的技術和會談能力，都將直接影響著問題解決的可能性與效果，這也是我們會想透過永久的共訓課程，以及不斷鼓勵並分享各種心理相關免費影片的原因，因為要能創造出有效的會談需要很長時間的體會與練習；甚至在亞洲講師班中，我們也成功力薦讓亞洲認證講師班的受訓講師，多增加有關心理會談的磨練與訪談逐字稿訓練，使受訓講師更加體會會談的助益與影響性，也透過這樣的方式幫助更多飼主與動物找到彼此都舒服、融洽的關係。

家庭關係問題

除了飼主可能的身心狀況影響外，還有一些是來自家庭關係問題。家庭關係的問題中有的是來自家庭成員的壓力或排斥，譬如長輩討厭動物；有的是因為家裡多了或少了其他動物，改變了動物的家庭地位與排序；有的是飼主多了或少了伴侶，或是生活環境中有了其他成員的加入，這些家庭結構的改變，間接地改變家庭互動關係，也影響了動物的行為與情緒。

無論是什麼樣的問題，溝通師都要記得打開心胸，傾聽動物的心，也傾聽飼主的心聲。家庭成員的改變，很多時候飼主與其他家庭成員都有各自的無奈，溝通師如果太過期待或要求飼主要在家庭關係中做出決定與調整，其實只是增添壓力而已，常常對於問題並沒有任何幫助。如何在一些無法改變的情況下，給予動物比較舒服的情緒出口，是這種問題中很重要的關鍵。

簡單來說，有點退而求其次的感覺。我無法為你摘下月亮與星星，但至少我願意常常帶你去你想去的國家看星星；我也許無法帶你環遊全世界，但我願意從帶你去國內各地旅遊；也許我們都無法提供動物最適當的居住環境，但至少我願意傾聽動物的心聲，也願意用我們可以的方式照顧動物。對於動物來說，有被深深地在乎；對於飼主來說，也不再只是看見自己無法辦到的失落，這是在關係中促進彼此靠近的關鍵。

當然，還有更多關鍵點是在生活中需要慢慢去體會的。這一路上你會遇見很多困難與不容易，請記得給自己多一些空間，少一些指責。動物溝通是一份專業的助人（動物）的工作，很多飼主與動物都將因你而更喜悅，這條路上你會看見很多自己需要改變的地方，還有很多可以調整的地方，但你勇敢前進的每一步，都將帶著你愈來愈能夠體會什麼是單純，什麼是快樂。永遠記得最當初想要幫助動物的你，這一路上我們也都會與你同行，莫忘初衷，祝福每個未來的動物溝通師。

靈性問題

這是最後一種問題的來源。也許你聽過動物看得到一些靈界的能量，也許你相信動物死後需要被超渡，無論你相不相信以上的那些靈性問題。在我們的經驗中，有時還真是來自這些原因，有時候是動物被其他我們看不到的力量打擾而有行為問題，有時候是居住的環境磁場讓動物不喜歡，有時候是動物離世了但離不開，有時候是其他的各種難以解釋的靈性問題。

當遇到這種狀況時，我們會立刻尋求其他有能力處理這方面問題的人，或同時是動物溝通師的宗教專業人士協助。這種問題的關鍵在於，我們要承認並看見自己的限制，假如辦不到的、做不好的就勇敢地承認我們的不足，自然地與飼主討論，並尋求相關人士的協助即可。每個人本來就有自己的限制，我們只要真誠面對自己，也真誠地面對整個溝通過程，尊重每個不同的聲音與信仰，也尊重每位飼主可能出現的不同抉擇。做得到的我們盡力去做，做不到的就送上最深的祝福吧！

五、回顧與總結

當我們在會談中與飼主慢慢找到解決方式，或是預約時間快到必須要做個總結時，就來到了「起承轉合」中，「合」的階段。在這個階段裡，你可以**適當地回饋與回顧整個過程中，好的、不好的、來不及的或各種無能為力的部分**，透過一小段時間的回顧與整理，幫助飼主將這次會談中的內容再一次回憶，這樣的回顧不僅可以幫助飼主思考哪裡還需要加強，更可以幫助飼主在回顧的過程中，更清楚會談結束後可以執行的方向。

同時在這樣的過程中，溝通師也可以了解到飼主對於整個會談的滿意度，以及未來溝通師可以調整的方向。回顧與總結對於很多溝通師來說是容易省略的步驟，但這卻是很重要的一環，透過回顧不僅幫助我們，更是提供了飼主一個可以表達與反思的空間與機會。回顧與總結也可以說是一種結束的儀式，讓彼此也可以清楚地對整個溝通畫下句點，不會覺得好像少了結束的感覺。

這也很重要的一個步驟，各位如果在做動物溝通時，別忘了最後留下五分鐘，做好回顧與總結喔。

結語

這本書洋洋灑灑地寫了十六萬個字，但動物溝通的世界實在太大，甚至有很多是目前人類尚未發現的，其實還有很多研究結果、訓練方法與關鍵是無法全然呈現給各位的，而且書也只是文字，能預見未來各位在練習時，肯定還會遇見很多的疑惑與不解，我將一路上每位學員與我自己會遇到的各種難題都寫進了書裡，有時關鍵就隱藏在一小段話裡，還望各位讀者細細體會，就像學習動物溝通一樣，需要你的耐心與慢下步伐。

動物溝通近年來在亞洲各地蓬勃發展，其實是我們始料未及的，一路上也看見了這個世代的突飛猛進，以及這世代愈來愈開放的文化改變。現在加入動物溝通領域的各位，都是一個時代的前驅者。有太多的人與市場在等待著你，而我們都會在這一路上扶持著你。無論是因為想照顧飼主的心，而排除萬難推出了跨國安心預約認證系統的亞洲各協會與組織；還是從台灣協會舉辦的各種動物公益友善照護計畫、動物平權活動、動物專業的公益講座與專案活動，都能體會台灣動物溝通關懷協會那份不為利益、真心為動物與飼主努力的心。很少能看見一群人是真心想幫助動物，真心想協助所有同行溝通師一起推廣的組織。誠摯地邀請所有的朋友！

如果你需要動物溝通服務，歡迎搜尋「台灣動物溝通關懷協會」進行安心預約，裡頭的溝通師全部**都是經過亞洲聯合考核通過的溝通師，準確度都已有保證**。如果你對於書中有些說明不太懂，台灣動物溝通關懷協會也有合作許多免費視頻的教學，同時我們也會在免費視頻中持續分享更多的心理與溝通互動的技巧及生命體會，各位朋友都可以一起輕鬆學習。倘若你想要跟隨大家固定地共同練習，也有可以學到會的永久性線上引導課程，我們每個月固定三週會帶著大家一同練習，練到學會為止。

當然，你也可以直接參加實體課程訓練，許多人覺得實體課程學得遠比線上來得更容易，你可以參加協會任一個導師開設的實體課程，所有協會講師的課程都會公告在協會網站，且所有講師的課程都是經過認證的，並已獲得台灣「用於學習心理派動物溝通的教學系統及教具」專利認證，中國地區也正在申請中，所有實體課程不僅可以直接免費參與永久共訓課程，在共訓中可以提問所有遇到的問題，更可以免費參加亞洲聯合認證考試兩次。

我們衷心地邀請各位一同加入動物溝通的行列，這是一個正在起飛的領域，更是未來的趨勢。期待動物溝通帶給各位的不只是心靈的安定，更是成就與生活的安頓。很高興各位看到這裡，如果你是想要學習處理人的心理困難，也可以參加我們親自帶領的國際認證催眠治療師培訓課程，搜尋臉書「當心理師戀上心理師，彭公孟婆伴嘴聊人生」便可聯絡到我們了。或是參加共訓課程，我們也會在線上為你服務。

最後，祝福每位未來的溝通師們，鵬程萬里，心想事成！

好 書 推 薦

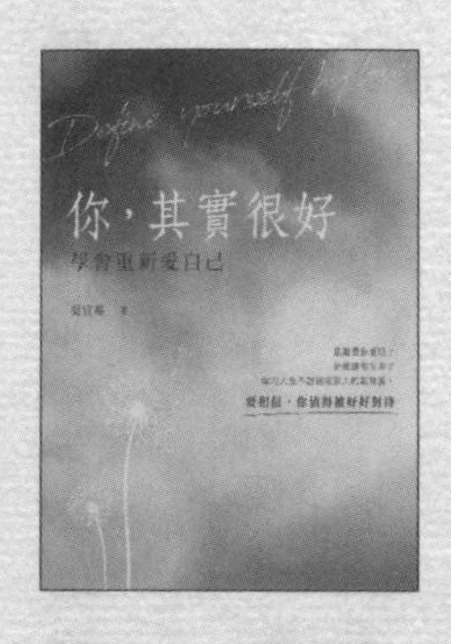

你，其實很好：學會重新愛自己
作者：吳宜蓁／定價：300元
停止說「都是我不好」，此刻，告訴自己，所有的自卑都是多餘的。專業諮商心理師親授，找回自信的最佳途徑。從家庭、愛情、人際、內心，全面探討你的生活，教你用最實際可行的方法，遠離自卑的自己。

心靈過敏：你的痛我懂，讓我們不再孤單地活著
作者：紀雲深／定價：280元
在一段關係之中失衡，開始逃避交際，或強迫自己適應社會，卡在一個不上不下的狀態……生活上會面臨許多壓力與問題，使你的心靈變得敏感，產生憂鬱、躁鬱、不安……在這本書裡，你可以為這些情緒找到出口。

氣味情緒：解開情緒壓力的香氛密碼
作者：陳美菁／定價：320元
橫跨愛情、親情、職場三領域，與前男友的曖昧、與父母的溝通障礙、職場的工作壓力……讓香味來幫你找到內心深處的答案。本書透過一個又一個的動人香味故事，讓讀者與自身生活產生共鳴，發現香氣治療的祕密。

寫給善良的你
作者：吳凱莉／定價：300元
兩性專欄作家凱莉，以犀利、幽默的口吻，直指關於愛情、婚姻、閨蜜情誼等各種疑難雜症，告訴你男人到底怎麼想？遇到劈腿、外遇或是過度干涉感情生活的閨蜜，你可以怎麼做？

幸福的重量，跟一隻貓差不多：我們攜手的每一步，都是美好的腳印
作者：帕子媽／定價：320元
原本只是等場電影，卻意外等來了一隻貓，從此開啟了有貓的人生。這是一本動人的散文集，這是一本感人的故事書，更是帕子媽寫給毛孩子的情書。書裡有愛、有情、有淚，有遺憾、有美好，每個故事，都留下了美好的腳印。

跟著有其甜：米菇，我們還要一起旅行好久好久
作者：賴聖文、米菇／定價：350元
男孩開始學習與狗相處，米菇開始信任人類；最後他們決定，即使米菇只剩2年壽命，也要一起去旅行。於是，一人一狗，一只背包，一個滑板，出發！因為愛，更因為不想有遺憾，所以必須啟程。

動物溝通

一本可以解答你 99% 疑惑的溝通大全

作　　者　黃孟寅、彭渤程
　　　　　（台灣動物溝通關懷協會指導）
編　　輯　黃筳匀、鍾宜芳
校　　對　黃筳匀、鍾宜芳、林憶欣
　　　　　黃孟寅、彭渤程
美術設計　劉錦堂

發 行 人　程顯灝
總 編 輯　呂增娣
資深編輯　吳雅芳
編　　輯　藍匀廷、黃子瑜
　　　　　蔡玟俞
美術主編　劉錦堂
美術編輯　陳玟諭、林榆婷
行銷總監　呂增慧
資深行銷　吳孟蓉

發 行 部　侯莉莉
財 務 部　許麗娟、陳美齡
印　　務　許丁財
出 版 者　四塊玉文創有限公司

總 代 理　三友圖書有限公司
地　　址　106台北市安和路2段213號9樓
電　　話　(02) 2377-1163
傳　　真　(02) 2377-1213
E-mail　service@sanyau.com.tw
郵政劃撥　05844889 三友圖書有限公司

總 經 銷　大和書報圖書股份有限公司
地　　址　新北市新莊區五工五路2號
電　　話　(02) 8990-2588
傳　　真　(02) 2299-7900

製版印刷　卡樂彩色製版印刷有限公司

初　　版　2019年03月
二版四刷　2024年06月
定　　價　新台幣380元
ＩＳＢＮ　978-957-8587-61-8（平裝）

國家圖書館出版品預行編目(CIP)資料

動物溝通：一本可以解答你99%疑惑的溝通大全 / 黃孟寅, 彭渤程作. -- 初版. -- 臺北市：四塊玉文創, 2019.03
　面；　公分
ISBN 978-957-8587-61-8(平裝)

1.寵物飼養 2.動物心理學

489.14　　108001858

地址： 縣/市 鄉/鎮/市/區 路/街

段 巷 弄 號 樓

廣 告 回 函
台北郵局登記證
台北廣字第2780 號

三友圖書有限公司 收

SANYAU PUBLISHING CO., LTD.

106 台北市安和路2段213號4樓

「填妥本回函，寄回本社」，
即可免費獲得好好刊。

\ 粉絲招募歡迎加入 /

臉書／痞客邦搜尋

「四塊玉文創／橘子文化／食為天文創
三友圖書——微胖男女編輯社」

加入將優先得到出版社提供的相關
優惠、新書活動等好康訊息。

四塊玉文創×橘子文化×食為天文創×旗林文化

http://www.ju-zi.com.tw

https://www.facebook.com/comehomelife

【黏貼處】對折後寄回，謝謝。

親愛的讀者：

感謝您購買《動物溝通：一本可以解答你99%疑惑的溝通大全》一書，為感謝您對本書的支持與愛護，只要填妥本回函，並寄回本社，即可成為三友圖書會員，將定期提供新書資訊及各種優惠給您。

姓名＿＿＿＿＿＿＿＿ 出生年月日＿＿＿＿＿＿＿＿

電話＿＿＿＿＿＿＿＿ E-mail＿＿＿＿＿＿＿＿

通訊地址＿＿＿＿＿＿＿＿

臉書帳號＿＿＿＿＿＿＿＿

部落格名稱＿＿＿＿＿＿＿＿

1 年齡

□18歲以下 □19歲～25歲 □26歲～35歲 □36歲～45歲 □46歲～55歲
□56歲～65歲 □66歲～75歲 □76歲～85歲 □86歲以上

2 職業

□軍公教 □工 □商 □自由業 □服務業 □農林漁牧業 □家管 □學生
□其他＿＿＿＿＿＿＿＿

3 您從何處購得本書？

□博客來 □金石堂網書 □讀冊 □誠品網書 □其他＿＿＿＿＿＿＿＿
□實體書店＿＿＿＿＿＿＿＿

4 您從何處得知本書？

□博客來 □金石堂網書 □讀冊 □誠品網書 □其他
□實體書店＿＿＿＿＿＿ □FB（四塊玉文創／橘子文化／食為天文創 三友圖書－微胖男女編輯社）
□三友圖書電子報 □好好刊（雙月刊） □朋友推薦 □廣播媒體

5 您購買本書的因素有哪些？（可複選）

□作者 □內容 □圖片 □版面編排 □其他＿＿＿＿＿＿＿＿

6 您覺得本書的封面設計如何？

□非常滿意 □滿意 □普通 □很差 □其他＿＿＿＿＿＿＿＿

7 非常感謝您購買此書，您還對哪些主題有興趣？（可複選）

□中西食譜 □點心烘焙 □飲品類 □旅遊 □養生保健 □瘦身美妝 □手作 □寵物
□商業理財 □心靈療癒 □小說 □其他＿＿＿＿＿＿＿＿

8 您每個月的購書預算為多少金額？

□1,000元以下 □1,001～2,000元 □2,001～3,000元 □3,001～4,000元
□4,001～5,000元 □5,001元以上

9 若出版的書籍搭配贈品活動，您比較喜歡哪一類型的贈品？（可選2種）

□食品調味類 □鍋具類 □家電用品類 □書籍類 □生活用品類
□DIY手作類 □交通票券類 □展演活動票券類 □其他＿＿＿＿＿＿＿＿

10 您認為本書尚需改進之處？以及對我們的意見？

＿＿＿＿＿＿＿＿＿＿＿＿＿＿＿＿

感謝您的填寫，

您寶貴的建議是我們進步的動力！

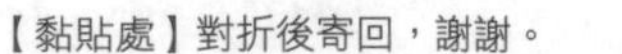